生命是甚麼

What Is Life

王立銘 著

書　　名　生命是甚麼

作　　者　王立銘

編　　輯　祁　思

美術編輯　郭志民

出　　版　天地圖書有限公司
香港黃竹坑道46號
新興工業大廈11樓（總寫字樓）
電話：2528 3671 傳真：2865 2609
香港灣仔莊士敦道30號地庫（門市部）
電話：2865 0708 傳真：2861 1541

印　　刷　亨泰印刷有限公司
香港柴灣利眾街德景工業大廈10字樓
電話：2896 3687 傳真：2558 1902

發　　行　香港聯合書刊物流有限公司
香港新界大埔汀麗路36號中華商務印刷大廈3字樓
電話：2150 2100 傳真：2407 3062

出版日期　2020年10月／初版・香港

ISBN 978-988-8549-02-3

《生命是甚麼》（978-7-115-49563-1）
本書經人民郵電出版社有限公司授權出版

本書獻給我親愛的妻子沈玥。

推薦序一

2016年雨果獎得主、《北京摺疊》作者　郝景芳

我對生命問題一直有着強烈的好奇和興趣。

本科學的是物理，因而一直被生命問題所困擾：在完備的物理規律世界中，生命到底是如何產生的？物理大廈之美，讓所有學生心醉神迷，然而按照物理大廈四大力學，全宇宙都是遵照力和場的規律建構出來的，從條件推導結局。那麼問題就來了：在這樣的物理大廈中，生命是如何產生的？生命是完全遵照物理定律生成的嗎？生命也可以從條件直接推導出結局嗎？

這些問題，是人類世界的本質問題。它們一點都不新，甚至是人類幾個最古老的問題。從遠古人類剛剛誕生文明智慧的時候，就有思想者不斷詢問：豐富多變智慧的生命，是如何從冷冰冰的自然界中產生的？

這個問題驅動着神話、宗教、哲學和科學的發展。生命顯然是某種不可思議的神奇現象，而為了解釋這種不可思議，人類創造了上帝，創造了女媧，創造了宇宙中不滅輪迴的靈魂，也創造出了現代基因科學。

而即使如此，幾千年過去，人類仍然沒能完全解釋生命問題。

從一方面講，從17世紀開始盛行的機械決定論聲稱：沒甚

麼神奇的，一切都是物理，我們能算出太陽星辰和齒輪槓桿，早晚有一天我們也能算出生命密碼。然而三百多年過去，我們仍然不能從物理定律裏算出生命的發展歷程。從另一方面講，我們人類在茫茫宇宙中，至今還沒找到其他生命證據。哪怕從理論上講，在同樣的物理條件下，生命應該在宇宙中綻放開花無數次了，但我們仍然沒聽到任何來自宇宙的聲音。

這意味着甚麼呢？很有可能，即使生命的密碼完全能從物理定律中計算推導而出，也是某種非常難以理解的小概率事件。生命湧現於物理化學，但生命不等於物理化學。生命大廈完全由原子、分子磚頭組建而成，然而搭磚頭的方式仍然超出人的理解範圍。

立銘這本書，寫出了生命多個層面的神奇之處。他按照生命的發生順序，清清楚楚地寫出了幾個層面的謎題。

首先是生命的材料。在宇宙的電閃雷鳴中，製造小小的氨基酸並不難，但是最初的氨基酸如何組裝成由幾百萬個原子組成、功能複雜的巨型蛋白質分子和DNA，仍然是充滿神秘的事。

然後他講出生命生成中最難的一環：秩序生成。化學反應總是趨向於均衡態，熱力系統總是趨向於無秩序，而生物恰恰起始於非均衡態和秩序的生成。秩序是如何從無秩序中自發出現的？如果説自我複製的分子是一切的關鍵，那麼第一個自我複製的分子又是怎麼生成的？

之後他又講了生命中匪夷所思的地方：即使吸收能量的蛋白質、自我複製的核酸和完整的細胞膜都可以產生，但這些東西是怎樣神奇般地組裝到一起的？把一大把零件扔在地上，它們是不會湊到一起變成汽車的，那麼生命的部件又是怎樣合成的？

最後，即使是細胞和生命機體真的克服了這一系列深淵困境，也仍然難以解決最困難的科學問題：所有這些由原子、分子組成的蛋白質和核酸，湊到一起之後，怎麼就神奇地產生了我們人類的感覺、意識和智慧？我們已經能在工廠裏造出更複雜的原子、分子機器，但是它們為甚麼只是被動的機器，而不是智慧生命？

所有這些問題，都扣人心弦。一層層展開，如探秘小説不斷逼近結局，讓人欲罷不能。從微觀世界到大腦中的宇宙，書裏拋出一個又一個大問題，在追尋答案的過程中，一重答案又引出另一重問題，邏輯清楚又充滿懸念，人類的生命科學史就在講述中壯麗展開。

我很喜歡立銘的文筆，科學理性，但又充滿個性化的思考，帶着溫暖的智者之光。他對分子生物學和遺傳進化的學識積累非常深厚，科學實驗和故事信手拈來。而更難得的是，他對人類的哲學歷程也理解得十分透徹，在不多的篇幅中，把自古哲人對於生命和人類意識的爭論，寫得深入淺出，引人思考。

所有的這些書寫，都是為了引起我們對生命的反思。我們生於幸運，倖存於幸運，在一系列不同尋常的小概率事件和大浪淘沙般的消亡中，我們作為一種結構複雜的多細胞智慧生命，竟然從無中生有，並倖存至今，不能不説是一件神奇的事。人類對生命研究越多，就越會發現我們生命的神秘。在珍惜得來不易的命運之外，我們更應敬畏宇宙自然的神奇寬廣和無限可能。

願你享受這段閱讀之旅！

推薦序二

北京大學講席教授　饒毅

這是一本讓普通讀者理解我們到底是誰、從何而來、將向何處去的好書。

本書從演化的視角透視生命的本質，將人類在演化歷史中的角色比喻成「看客」和「產品」，隨着現代科學技術的發展，我們將逐漸從被動變為主動，操起「上帝的手術刀」，改變演化方向，取代自然選擇。

為了讓一般的讀者了解複雜的生物科學，作者從科學家在外太空探索生命的嘗試引入，再回歸到地球生命本身，通過科學史的敘事方式帶領讀者探討生命的起源和驅動力。

在書中，作者將生命的驅動力分為物質、能量、自我複製、細胞、細胞間的分工五大元素，將生命的智慧分為感覺、學習、社交、自我意識和自由意志五大元素，以唯物論和還原論的哲學思維，生動地展現了生命史是與環境永不停息的奮鬥史，始終體現着「物競天擇，適者生存」的演化規律。

為了應對環境「永恒的變化」，分工與合作體現在方方面面。在生命起源初期，某些分子身兼數職，例如最初的 ATP 合成酶兼具製造能量和運輸物質的功能，RNA 性質的「核酶」兼具 DNA 和蛋白質的作用。在細胞膜為生命與外界建立起「分離之牆」後，逐漸地，細胞內有了細胞器分工，個體內有了組織間分工，生命有了性別分化和群體分工……這些無不體現了生命以留下後代為目的的分工互利。而語言作為信息交流共享的基礎，本質上也是社會分工精細化、利己利他利群體的產物。

在環境的壓迫和驅使下，生命逐漸演化出了感覺系統，擁有了和地球環境交流互動的本錢。生命從被動演化一步步走向主動選擇：從黑暗到感光，從刺激－反射引起的被動、無記憶、簡單的膝跳反射，到「巴甫洛夫的狗」[①]的學習記憶和經驗；從個別物種獲得的自我意識，到對自由意志是否存在的探討……

作者以物質為基礎，以實驗為依據，將這些與認知相關的重要事件和科學發現通過關鍵的例子展示給大家，讓讀者通過追尋智慧的思緒和案例，展開一場思想旅行，從中收穫生物學思維方式，用生物演化的視角重新理解生命。另外，書中的案例都來自原始的研究論文，嚴格遵循科學研究的規範，並附有相關的參考文獻，方便讀者有據可查。

為了幫助讀者理解，書中使用了大量生動的比喻。例如將生命比喻為「大廈」，將能量比喻為「生命大廈建築師」，將能量差比喻為「水壩」；在起源的先後問題上，多次用「雞」和「蛋」做比喻；把需要能量而秩序化的生命比喻為「以負熵為生」；在分析自我複製時，將「中心法則」中的 RNA 比喻為「二郎神的第三隻眼睛」；將記憶的赫布定律形象地比喻為「單

---

① 巴甫洛夫（Ivan Petrovich Pavlov）是 19 世紀俄國一位生理學家，曾獲諾貝爾生理學獎。他在實驗中發現狗從經驗中學會在某種信號後會有食物出現的期待，這種「信號」本身不會自然引起唾液的分泌，但狗將「信號」和食物聯繫起來，且作出分泌唾液的反應。詳見本書第 191 頁。

身派對定律」。這大大提高了本書的趣味性和可讀性。

本書與薛定諤的經典著作《生命是甚麼》同名，希望讀者能在現代科學技術發展的背景下，真正地理解生命究竟是甚麼。

推薦序三

德國癌症研究中心終身研究員　劉海坤

王立銘是科普界的明星，也是國內少有的可以在科普與科研間自由切換的優秀青年科學家。

我之前讀過立銘的兩本精彩大作——《吃貨的生物學修養：脂肪、糖和代謝病的科學傳奇》和《上帝的手術刀：基因編輯簡史》，後來知道他在用心打造一本新著，再後來讀到他精彩的新書書稿的後記，更加心急難耐。萬幸近日從立銘處得到樣書，遂一氣讀完，就是這本《生命是甚麼》。

生命是甚麼？如果是對「生命」這個概念的解釋，那麼這可能是我們能想像的最難回答的問題之一，學術界也沒有統一的答案。但如果這是個開放式的問題，那就可以在很多有趣的維度上進行解釋並充份演繹了。立銘便是從多個維度中提取出最重要而又互相承接的維度，並以層層遞進的方式進行解析的。本書的主題明顯比他的前兩部書更宏大而深刻，所以我稱之為一部「野心」之作。

生命是甚麼？立銘在開篇並沒有嘗試直接回答這個問題，而是把視角轉離地球，瞄向太空。他首先提出了一個令全人類都感到好奇的問題：外星生命是否存在？然後講了幾個精彩的科學故事，例如，非常有說服力的「費米悖論」，令人遐想的「戴森球」，以及可以推算外星生命概率的「德雷克公式」，傑出的人類一直嘗試用理性去想像外星生命存在的模式。而尋找外星生命的一個前提是我們要有能力分辨甚麼是生命，這也是困擾美國國家航空航天局尋找外星生命的科學家的一個主要問題。這個問題自然而然地引出了本書的創作主旨——生命是甚麼？

生命科學的尺度跨越了納米到宏大的地球生態系統，宏大繁複，包羅萬象。想要從中提煉出生命的基本特質並書寫出來，是極具挑戰性的。不過幸好我們有貫穿生命科學的第一原則：進化論。立銘選擇了生命的演化作為軸線，在其妙筆之下，一齣跌宕起伏、驚險刺激的幾十億年的大冒險戲劇就此拉開序幕。他先從科學產生之前古代哲學家對生命本質的探討談起，之後科學家登上舞台，一個個精彩的科學故事展現了人類不斷從多維度接近、理解並嘗試解析生命本質的曲折過程。再後他把鏡頭迅速推進到著名的米勒－尤里實驗，該實驗令人驚奇地證明了生命起源的基本分子（如氨基酸）可以在實驗室模擬的古代地球環境裏快速產生。這基本解決了生命原材料的來源問題，隨之引申出當代科學三大重要問題之一：生命的起源問題。

在漫長的宇宙歷史中，最神奇的事件之一莫過於生命的誕生。在前進化論時代，大多數人類甚至認為地球上生命的多姿多彩是神跡存在的最好證明。正如物理學家對理解宇宙起源的「大爆炸」充滿了無窮的嚮往和想像，生物學家對理解生命誕生這一從無到有的重要時刻也抱有同樣的情感。雖然我們無法排除生命起源於外星的可能性，但理解並嘗試重構生命誕生的原始過程是很多科學家一生的追尋。

對於這部份內容，立銘首先提出了產生生命的物理先決條件——能量。薛定諤（立銘的偶像之一，物理學黃金時代的代表，量子力學奠基人之一）在 1944 年出版的影響深遠的科普名著《生命是甚麼》裏提到，由熱力學第二定律推論，在一個封閉系統中，熵只會增加，即變得無序。而生命是高度有序的系統，所以生命應以負熵為生，需要能量的攝入來維持穩定而有序的存在。[①]這一推論顯示出生命的基本法則不違背物理基本法則。實際上，我們目前已知的所有生命的基本法則都不違背物理或化學基本法則，不過，迄今為止還沒有物理學理論能夠把對生命的解釋包含其中。以此為引，立銘請出了他非常喜歡而且在書中不吝言辭讚美的 ATP 及其合成酶。這一部份寫得非常精彩，是本書的高潮部份之一。我不敢在此劇透，強烈推薦讀者自己閱讀體驗。

解決了能量問題之後，想像力豐富的立銘隨即把一個個精彩的理性科學發現與其浪漫的想像力結合在一起，構想出了生命誕生之初的「前生命」形式的幾個可能版本（從 1.0 到 4.0），蛋白質、DNA 和 RNA 輪番登上舞台。他嘗試從各個角度探討生命起源的可能途徑。這部份內容展現了立銘作為著名科普作家的寫作功力。生命誕生前的時刻對科學家來説都是神秘和晦澀的，立銘通過豐富的想像力把各種可能性轉變為一幕幕精彩

---

① 薛定諤後來修改過「負熵」這個概念，感興趣的讀者可以進一步閱讀相關文獻。

的文字影像。

所有上述準備都是為了生命誕生的那一刻。這是一個可以自我複製生命分子和個體的生命單位，一個活着的細胞。這應該是一個有能力把遺傳信息傳遞到幾十億年之後的細胞，一個有能力轉動進化之輪的細胞。②可以說，生命的誕生標誌就是第一個細胞的誕生。在這個環節，立銘強調了細胞膜的產生是關鍵的一步，因為這是把酶、遺傳物質和其他生命必需的分子聚集在同一空間的關鍵。我個人認為，對第一個細胞的多種想像是立銘可以進一步加以發揮的地方，可能因為篇幅原因，立銘並沒有在此進一步打開其想像力的閘門。而隨之而來的細胞的分工即多細胞生命的出現則打開了生命爆發的閘門，這直接導致了更為複雜的生命以及具有高等智慧的人類的出現。立銘稱之為「君臨地球」。

雖然進化本身並非是從低級到高級的，但複雜生命的產生卻是長期進化的結果。而在漫長的生命進化史中，最傑出的產物非人類的大腦莫屬。作為神經科學家的立銘在書的後半部份為讀者展示了大腦的功能——感知、學習記憶和社交，並討論了在哲學上都極有難度的抽象概念：自我意識和自由意志。這部份為我們呈現了一幕幕精彩而又真實的科學故事，從視覺的神經解碼，到語言的生物基礎，再到多重人格和人工智能，為我們展示了一個已經非常精彩而在未來會更加精

② 細胞學説是第一個真正把所有生命都包含在內的學説，它的誕生時間（1839 年）遠遠早於發現 DNA 遺傳物質的時間（1944 年）。

彩紛呈的科學世界。

科學研究在帶來新知的同時總是帶來新的未知，生命科學的未知遍佈各個領域。曾經被生命科學吸引的物理學天才費曼戲言，在生物學領域，隨便一個問題，我們都沒有答案；而在物理學領域，則要花相當多的時間才能找到沒有被解決的重要問題。這一現狀並沒有太多改變，立銘最後討論的生命科學的已知和未知也會讓讀者浮想聯翩，我想這部份對於有抱負的下一代科學家會有相當大的吸引力。所以，讀完本書，你可能沒有找到「生命是甚麼」這個問題的答案，但你對「生命是甚麼」的理解一定會有質的提升，而且可能會發現，理解生命可能並不需要急着回答「生命是甚麼」這個問題。

好科普難寫，兼具深度與高度的原創科普作品極少。我個人認為，立銘的作品是中文科普世界裏鳳毛麟角的存在。他對科學有獨有的深刻解讀方式，也有在科普世界裏少見的寫作視角。難能可貴的是，他在書裏引用了該領域最新的科學進展和最精彩的科學故事。這本書的架構和邏輯在英文科普著作裏也很少見，可見立銘對此做過仔細的推敲琢磨。好的科普書重要的作用不是科普知識點，因為知識早晚會變得陳舊，而是普及科學的思維和判斷方式。這一點讀者應能從立銘講故事的字裏行間體會到，他展現了精彩科學發現背後的內在邏輯，從推理到實驗驗證，絲絲入扣。

另外，從行文風格也可以看出立銘是具有人文情懷的作家，他的作品充滿了積極對待未知世界的態度和堅信更好未來的信念。他這本書的風格讓我想起了我最喜歡的法國科學大師和優秀的科普作家弗朗索瓦・雅各布（François Jacob，1965 年因操縱子模型獲諾貝爾生理學或醫學獎）。他的科普著作《生命的邏輯》探討的角度和思路與立銘這本書有交相輝映之處。

立銘這本書取名《生命是甚麼》，有向偶像薛定諤的《生命是甚麼》致敬之意。薛定諤的這部名著令人驚嘆地影響和啟發了分子生物學時代的許多科學名家，最出名的當屬 DNA 雙螺旋結構的發現者之一沃森。我想立銘花如此多的心血打造這本同名著作的「野心」也在於此，他一定希望本書能夠啟發中國下一代科學家，使他們在青少年時代就能領略到真正的科學思維，吸引有志於科學的青少年踏上真正的科學之路。我至今記得自己在年輕時閱讀薛定諤這本著作時對科學產生的懵懂而又嚮往的情愫。我相信立銘也做到了這一點，因為即使中年如我，在閱讀本書的過程中，腦海裏也不斷產生新的問題：假設在宇宙中另存一個物理上一模一樣的太陽系，那麼在該太陽系裏的地球上，能進化出和我們這個星球上一樣的生命類型嗎？人類出現在那裏的概率是否可以通過德雷克公式推導出來？自稱掌握了基因編輯這把「上帝的手術刀」的人類真的可以跳出自然選擇嗎？在生命產生初期，是否產生過不基於 DNA 傳遞遺傳信息的生命形式而被篩選掉了？最早產生的細胞裏的基因組到底有多大？進化論是否是放之宇宙而皆準的生命法則？

對於立銘花兩年時間打造的這本精品，這篇短短的推薦序無法揭示其全部的精彩。在此衷心推薦給各個領域的讀者親自閱讀，希望您有自己的收穫。當然，我尤其推薦給對科學感興趣的青少年，我也會推薦給自己的後輩，我女兒就非常喜歡「戴森球」[3]的故事。我想，作為科普作家的立銘一定不止一次想像過這樣一天，一位中國科學家在斯德哥爾摩的領獎台上致獲獎辭：「我踏上科學之路，是因為小時候讀的一部王立銘教授的科學名著——《生命是甚麼》。」

③ 戴森球（Dyson Sphere）是美國物理學家弗里曼・戴森於 1960 年提出的概念。戴森球在提出以後就經常在科幻或其他虛構作品中出現。

推薦語

2015年雨果獎得主、科幻作家、《三體》作者　劉慈欣

生命，如果不是因為其確實存在，本來可以很容易地證明其不可能存在。《生命是甚麼》正是講述了這樣一個大自然的奇蹟。立銘用生動、詩意的筆觸，帶我們經歷地球生命幾十億年史詩般的演化歷程；通過對生命現象全景式的描述，讓我們領略那令人難以置信的神奇。

本書吸引我的地方，首先是廣闊的視角，從生命的起源到自我意識，從分子生物學到社會學，使讀者對生命科學有了一個全景式的了解；其次是本書明晰而生動的敍述，真正把生命科學作為活的科學展現出來，讓讀者感受到了生命的神奇和詩意。

本書在帶給我們不斷的驚嘆和感慨的同時，讓我們重新認識生命世界，也重新認識我們自己。

前言

這是一本帶你了解生命科學、和你一起理解地球生命和人類智慧的書。

在我看來，在人類所有的科學領域中，生命科學是最謙卑、也是最自負的一門科學。

說它謙卑，是因為幾乎所有的生物學發現都在提醒我們：生命和智慧其實只是演化的產物。

我們居住的地球形成於 46 億年前的星雲湧動，最早的地球生命誕生於 40 億年前的一系列化學反應，我們整個人類世界和全部人類文明都來自一場跨越 40 億年時間的偉大冒險，我們生活中習以為常的一切，我們身上的優勢和弱點，我們引以為豪的智慧，都是這場偉大冒險的產品。面對生物學規律，我們必須保持謙卑。

說它自負，是因為現在的生命科學讓地球人類站在了一個極其重要的歷史拐點上。伴隨着過去兩千多年來人類對生命現象和人類智慧的深入探究，伴隨着過去幾十年來人類對生物學技術的持續開發，我們迎來了一個史無前例的機會，那就是可以借助生命科學的力量，主動參與到生命演化的過程中，從看客和產品，變成命運的指揮官和主人，去影響、改變甚至主導未來人類演化的方向。這是生命科學帶給我們最大的自負和野心。

因此，不管是理解我們的過去，還是規劃我們的未來，生命科學都是思想軍火庫裏必不可少的武器。只有借助生命科學，我們才能真正看清我們是誰，從哪裏來，向何處去。

我們的過去：生命的無奈

回望過去，生命其實一直都是漫長演化歷史中的看客和產品，是一場持續了四十多億年的無可奈何。今天我們擁有的一切，無論是我們的身體、智慧，還是人類的衰老、死亡，其實都是演化的產物。

首先，對於我們的身體，我們並沒有絕對的話語權。

你可能聽説過鐮刀型貧血症這種病。這是一種很嚴重的遺傳病，簡單來説，就是人體負責生產血紅蛋白的基因（HgB）上出現了一個微小的遺傳變異，導致人體血管裏的紅血球非常脆弱，很容易破碎，從而阻塞血管並影響很多器官的工作。如果沒有精細的治療和醫療維護，這些病人一般 40 歲出頭就會死亡。直到現在，全世界每年都會有 10 萬多人死於這種疾病，還有 4,000 萬人攜帶這種疾病的變異基因。你可能會問，既然這種遺傳變異這麼危險，為甚麼沒有在生命演化過程中被淘汰掉呢？

其實，如果仔細觀察世界範圍內鐮刀型貧血症突變基因的地理分佈情況，就會發現這種病並沒有平均散佈在各個大陸上，在撒哈拉以南的非洲和南亞次大陸分佈得非常集中。而且，它與世界範圍內瘧疾發病的地理分佈有很高的重合度。為甚麼鐮刀型貧血症和瘧疾這兩種看起來八竿子打不着的東西，地理分佈居然很相似呢？

背後的原因特別耐人尋味。雖然鐮刀型貧血症是一種很嚴重的疾病，但是導致這種疾病的基因突變居然也是有好處的——它可以幫助抵抗瘧疾！我們知道，每個人體內都有兩份 DNA 遺傳物質，一份來自父親，一份來自母親。當兩份 DNA 上的血紅蛋白基因都出現變異時，人就會患病；如果只有一份血紅蛋白基因出現了變異，生活就是完全正常的。而如果感染了瘧疾，瘧疾的真兇瘧原蟲進入人體後會入侵人的紅血球。這時候，那些攜帶了一份血紅蛋白變異基因的紅血球就會顯出脆弱的一面，更加容易破裂死亡，這樣反而歪打正着地讓瘧原蟲跟着死掉了，從而讓這些人對瘧疾有了一定程度的抵抗力。

在現代抗瘧疾藥物（特別是奎寧和青蒿素）發明之前，瘧疾是一種非常可怕的疾病。亞歷山大大帝很可能就是死於瘧疾，康熙皇帝也差點因此而死。因此，在漫長的人類演化歷史上，血紅蛋白基因的突變雖然會導致嚴重的鐮刀型貧血症，但是它是我們的祖先對抗瘧疾的唯一武器。雖然這件武器「殺敵一千，自損八百」，但還是長期保留在了現代人的遺傳物質中。

今天，對於疾病或健康，儘管有些因素我們已經能夠自主控制，但是在最底層的生物學邏輯裏，控制疾病或健康的，仍然是生物演化的歷史。對於我們的身體，我們沒有絕對的話語權。

其次，對於人類智慧的形成，我們也沒有話語權。

雖然我們創造了燦爛的文明，產生了理性的思考，但這一切很難説是我們人類自己的功勞。

以人類語言為例。語言是複雜的人類社會最重要的基石之一。依靠語言，人類個體之間才可以高效率地交流經驗和思想，才可能產生神話傳説、政治思想和科學技術，才可能組成社會，建立國家。

在地球上數百萬種動物中，人類的語言是獨一無二的。雖然不少動物也發展出了語言，也能傳遞簡單的信息，但是只有人類語言才發展出了語法。所謂語法，就是把各種單詞按照一定規則、隨心所欲地拼接在一起的能力。然而，人類這種獨特的語言功能可不是自己努力學習的成果。

有不少證據顯示，人類基因組上一個名為 FOXP2 的基因很可能和人類語言的形成息息相關。如果這個基因出了毛病，人就無法靈敏地控制自己的舌頭和嘴唇，無法説出清晰的語句，即使説得出話，也基本是詞彙的無意義堆積，沒有正確的語法。那麼，這麼重要的基因，在分子層面，是不是人類和其他動物有着特別明顯的區別呢？可惜沒有。和我們的近親黑猩猩相比，人類的 FOXP2 基因僅僅存在極其微小的突變。所以，人類擁有獨特的語言能力是一個意外。

而且，演化生物學的模擬分析顯示，人類特有的 FOXP2 基因大概出現在距今 10 萬至 20 萬年前。這可能恰恰是現代人出現在非洲大陸、打敗所有的人類親戚、走出非洲的時間。根據這些線索，生物學家估計，人類特有的 FOXP2 基因與人類出現語言機能、形成人類社會和人類文明存在着緊密的聯繫。

再比如我們的學習能力，我們的愛情，我們對同類的關心愛護，我們的自尊心和責任感……這些我們引以為榮的智慧火花，也都不是人類憑空創造出來的。它們的背後其實是冷冰冰的生物學規則，是漫長演化歷史進程中的塑造。

所以，人類之所以成為今天的人類，不是因為人類多麼奮發圖強，多麼聰明勤奮，僅僅是因為幾十萬年前一些偶然的遺傳變異，才讓我們從一大堆猿猴和人類親戚裏脱穎而出，君臨天下。

最後，在衰老和死亡這個終極問題上，我們更加沒有話語權。

我們都厭惡死亡，但是死亡是我們每個人生命的必然終點。而且生物演化不排斥死亡，甚至在某些條件下，它會主動選擇讓我們死亡。

比如，如果一個遺傳變異能夠幫助生物在年輕的時候更好地發育、成熟、求偶、交配、繁殖，那麼這個生物就會被自然選擇所青睞，更容易在嚴酷的生存競爭中存活下來。哪怕在之後的歲月裏，這個遺傳變異會讓這個生物很快地生病、衰老和死亡，也無所謂，畢竟它傳宗接代的使命在此之前就已經完成了。

一個經典的例子是男性的睾酮。這是人體裏一種特別重要的雄性激素，它的功能非常重要。男性器官的形成、精子的發育、生殖能力、肌肉力量、反應速度……這些都和睾酮有關係。打個不太嚴謹的比方，我們常説一個男人看起來有沒有「男子氣概」，這件事和他體內睾酮的多少就有很大關係。所以，那些在年輕的時候充滿戰鬥力和交配慾望的男性，就會被自然選擇所青睞，就更容易留下自己的後代。

然而，睾酮可算不上甚麼好東西，它和人類許多疾病都有着密切的關係。男性的睾酮含量越高，得癌症的概率就越大。特別是前列腺癌，這是男性發病第二多的癌症。也有證據顯示，睾酮的水平和人類壽命是成反比的。這個能讓年輕男性充滿男子氣概的東西，也能讓他迅速衰老和死亡。

所以，對於生存還是死亡這個大問題，選擇權也不在我們手裏。我們來過，我們生活過，我們又衰老和死亡，這一切都是生命演化歷史造就的必然歸宿。

無論是我們引以為豪的身體、智慧、文明，還是我們深惡痛絕的疾病、衰老和死亡，歸根結底都是四十多億年演化的結果。生命只是看客和產品，從來都不是自己的主人。在自然法則面前，生命科學只能保持謙卑，一點點小心地揭開大自然的密碼本，偷看幾眼生命的設計圖。

而當我們掌握了生命科學，了解了更多自然和生命的秘密之後，就會本能地想要追求更長的壽命和更高的生命質量，想要改變演化的進程和方向，做自己生命的主人。

我們的未來：生命的主人

放眼未來，隨着人類對生命活動的理解越來越深，隨着生物技術突飛猛進的發展，人類開始嘗試運用生命科學這一有力的武器，逆轉生命演化的巨輪，從演化的看客和產品，真正變身為生命的主人。

首先，基因編輯技術的發展，讓我們有可能主動掌控自己的身體。

我們繼續以鐮刀型貧血症為例。這種疾病是人體內血紅蛋白基因出現了區區一個位點的微小變異導致的。這個微小變異以犧牲一部份人的健康為代價，換來了更多人對瘧疾的天然抵抗力。這是漫長的生命演化過程對人類身體的塑造，也是留給人類的苦難（和財富）。

但是在今天，人類居然可以拿起手術刀，主動參與生命演化的進程了。在最近十幾年時間裏，一類名為「基因編輯」的技術取得了突飛猛進的發展。該技術的核心在於，能夠在生物龐大的基因組信息中精準尋找到出現問題的 DNA 位點，然後把錯誤的位點剪切，再替換成正確的位點。

可以想像，有了這把「上帝的手術刀」，人類就可以在受精卵裏精確地修改鐮刀型貧血症的致病基因，讓嬰兒完全擺脱這種疾病的困擾，讓這個基因突變從此在這個家族裏消失。這個小嬰兒及其未來所有的子孫後代，就可以永久地走上另一條演化道路了。

雖然這件事難度很大，目前仍面臨很多技術問題，還沒有真正地推向實際應用，但是很多研究已經充份證明了該技術的可行性。比如，2015 年，中山大學的黃軍就實驗室利用一種名為 CRISPR/Cas9 的全新基因編輯技術，在人類胚胎中嘗試進行了人類血紅蛋白基因的修飾。這項研究一經問世就引發了全球範圍內的巨大爭議和熱烈討論。畢竟，這可能是人類歷史上第一次主動而且有目的地修改人類自身的遺傳物質，永久性地改變生物演化歷史的進程！

所以，人類已經不再滿足於僅僅做演化歷史的看客和產品了，我們已經可以親自走上手術台，運用神話傳説裏只有上帝才擁有的力量，創造我們自己的演化歷史了！

沿着這個邏輯推演下去，如果可以對人體遺傳物質進行隨心所欲的修改和設計，那麼人類未來就有可能有針對性地設計自己的下一代，讓他 / 她智力超群，貌美如花，永遠贏在起跑線上。那麼，這樣會不會破壞人類千姿百態的多樣性，讓世界從此千篇一律呢？有錢人和特權階級會不會利用這項技術，率先改造自己的子女，實現財富和地位的遺傳，甚至造成永久性的社會撕裂和不平等？更可怕的是，會不會有人將這項技術開發成武器，毀滅敵人的遺傳物質，製造地球末日呢？但是無論如何，基因編輯技術是人類開始主導演化進程的第一次嘗試。

其次，人類開始利用生物學技術破解智慧的秘密，主導智慧演化的進程。

我們知道，語言能力是人類智慧的重要組成部份，而這很可能源自 10 萬至 20 萬年前的一次偶然的基因突變。從那時起，我們成為了語言天才，並且憑藉這項獨門絕技建造了人類社會，創造了獨一無二的人類智慧和偉大文明。

而今天，神經生物學家已經不再滿足於被動地接受這個結果，開始主動破解智慧的秘密了。我們正在逐漸理解大腦的工作原理，並且嘗試主動影響大腦的運轉，讓人類學得更快，記憶力更強，更有智慧。

比如，2013 年，美國麻省理工學院的科學家就做了這樣的嘗試。他們通過解析小鼠大腦中特定區域的活動規律，從中獲得了記憶的存儲信息。然後，他們通過隨心所欲地改變神經細胞的活動，就可以擦除這段記憶，甚至人工虛擬出記憶，讓老鼠產生身臨其境的幻覺。

此外，還有人試圖利用電腦芯片來改變和創造記憶。2015年，美國南加州大學的神經科學家嘗試在人腦中植入芯片，採集大腦神經細胞的活動信息，然後利用電腦從中提取出信息，再轉換為記憶，重新植入大腦。換句話說，他們已經試圖人工創造出學習和記憶的過程了。

這些技術最早會用於治病救人，幫助病人恢復正常的大腦功能。但是相信未來這些技術一定會逐漸應用於健康人和普通人。那麼人類將可以直接在人腦中虛擬現實、移植記憶、複製知識、創造智慧。這也就意味着，人類將會迎來利用生物學技術主導智慧演化的全新歷史。

最後，現代生物學技術可以讓我們更接近生命的真相，甚至改變人類的終極宿命。

在過去數十年裏，生物學家在衰老問題的研究上傾注了大量的心血。如今，科學家通過改變遺傳基因和生活環境，可以讓實驗室裏的生物活得更長久、更健康。

研究證明，有些方法能有效延長動物的壽命，比如節食。少吃能讓動物活得更長久，衰老更慢。這可能是通過影響胰島素相關的生物信號來影響動物衰老過程的。胰島素是一種重要的激素，它和糖尿病有關，也是治療糖尿病的藥物。因此，有生物學家設想：治療糖尿病的藥物是不是可以幫助人們延緩衰老、延長壽命？如今，世界各地都有很多這樣的臨床試驗。

還有一種方法是換血。人們在 70 年前就發現，如果把年輕動物的血液輸入老年動物體內，就能實現「返老還童」——老年動物的毛髮會重新泛起光澤，心臟血管的機能也會重新煥發生機。只要能夠找到其中的生物學機理，人類就可以利用同樣的方法實現長生不老了。

所以，雖然衰老和死亡看起來是人類無法抗拒的最終宿命，但是借助現代生物學技術，人類已經開始慢慢接近這個終極宿命的真相，甚至有可能改變這種宿命了。

因此，無論是身體、智慧，還是生死，今天，我們確實已經站在了人類歷史的拐點上。曾經的我們在演化歷史的長河中隨波逐流，是無數個機緣巧合造就了今天獨一無二的我們和燦爛輝煌的人類文明；而未來的我們，雖然僅知曉生命秘密的冰山一角，但是已經開始躍躍欲試，試圖操控智慧和愚笨、健康和疾病，甚至衰老和死亡，試圖取代自然選擇，成為自身命運的主宰者！

此時此刻，我們比以往任何時候都更需要了解生命科學，更需要深刻地理解地球生命和人類智慧。也許，這些生物技術在短時間內還只能出現在科學新聞或者科幻電影裏，但是很可能在一兩代人的時間內就會變成現實。屆時，我們人類將要親手打開的，是阿拉丁的神燈，還是潘多拉的魔盒？不管是歡欣鼓舞還是憂心忡忡，是恐慌畏懼還是心如止水，我們都應該在頭腦中裝備好生物學的研究方法和思維模型，從而更好地應對即將到來的未來。

用生物學思維理解生命

地球上的生命現象和活動紛繁複雜，千差萬別。理解生命最大的難題，很可能是尺度問題。

首先，生命在空間尺度上存在着巨大的差異。例如，對於地球上最大的生命藍鯨來説，牠的尺寸是用「米」或者「十米」來計量的，藍鯨的一條舌頭就有人類製造的卡車那麼大；而對於人眼看不見的單細胞生物來説，牠們的尺寸是用「微米」來計量的。這兩者之間相差了差不多七個數量級。

其次，移動距離的衡量尺度也有着天差地別。比如，有一種叫北極燕鷗的小鳥，每年都要在地球的北極和南極之間飛一個來回，一生之中飛翔的距離長達數百萬千米，足夠在地球和月球之間往返三次。相反，有很多生物從出生到死亡所發生變化的距離幾乎為零。比如，很多苔蘚植物一生能夠生長的高度也不過是毫米數量級。這兩者之間差了十幾個數量級。

除了空間尺度和移動距離的尺度之外，還有很多生命現象的度量尺度，比如個體的數量、繁殖能力、壽命、智力等，在不同的地球生命之間都有着天壤之別。

這些尺度上的巨大差別帶來了天然的難題——當我們在討論地球生命現象的時候，我們該怎麼框定討論範圍？該如何搞清楚具體討論的對象到底是甚麼？我們能不能真的確定，在這些尺度迥異的地球生命之間，有着共同的物質和科學基礎，遵循同樣的生物學原理？如果在每一種特殊的生命和特別的生命活動背後都有特殊的道理，那麼我們的研討可能就會失去方向。

因此，我們需要掌握一種思維方式，在地球生命演化的自然歷史框架下，跨越尺度的鴻溝，剝開生命現象複雜的外殼，探索地球生命現象的本質，找尋塑造地球生命和人類智慧的核心要素。

我們知道，現今所有的地球生命都是通過漫長的自然選擇和生存競爭逐漸演化而來的，不管是植物還是動物，是細菌還是真菌，回溯幾十億年，我們都共享一個祖先。有人還給這個祖先起了個名字，叫 LUCA，意思是現今地球生命的最後共同祖先。當然，LUCA 是一種假想中的生物，在今天的地球上並沒有。但是對現今地球生命體內廣泛存在的基因和遺傳信息進行分析、歸類和溯源，就可以大致猜測出我們的共同祖先具有甚麼樣的基因，可能具備甚麼樣的生命特徵。

那麼反過來，我們就可以用生物學思維來理解今天的地球生命。牠們全部脱胎於同一種共同祖先，經過了幾十億年的演化，在豐富多變的地球環境中反覆選擇，形成了不同的生存和繁殖策略，最終構成了五花八門、豐富多彩的地球生物世界。也就是説，今天每一種地球生命的體內都蘊藏着來自古老祖先的遺傳信息，都記錄着過去幾十億年來地球氣候環境變遷的歷史，以及對生物特徵的修飾和篩選。每個活着的地球生命都是一部鮮活的地球自然歷史。把這段自然歷史的要點解析出來，我們就能找到地球生命現象的底層邏輯和普遍規律。

也許，當我們這場思想旅行結束的時候，所有的細節（例如分子、生物以及各種生命活動的名稱）都沒有在你腦海裏留下深刻的印象。但是我期待，不管你從事甚麼職業，有沒有生物學的知識儲備，都能夠從一個全新的維度來理解地球生命的本質，來理解地球生命如何產生，如何變化，如何繁盛至今。我相信，在這個歷史性的時刻，我們討論的很多問題和邏輯，在人類社會中，在我們的日常生活中，都能找到隱隱約約的對應。我也非常期待，這會幫助你更好地理解我們到底是誰，從何而來，又向何處去。

目錄

序曲

地球人和外星人

在地球之外，是否還有別的生物生存繁衍？是否也有和地球人類一樣的智慧生命，在萬里之外眺望着我們？

從月宮裏的嫦娥，到火星上的「運河」，人類從古到今都不缺乏仰望星空、神遊於凡俗之外的幻想家。對於外星生命的樣貌，自然也有各種各樣奇妙的想像。外星人科幻的開山之作當屬科幻大師赫伯·喬治·威爾斯（Herbert George Wells）的《世界大戰》（*The War of the Worlds*）。在這部小説中，來自火星的外星人長着一個碩大無比的腦袋，沒有手腳，依靠兩排長長的觸鬚行走。而在大導演史匹堡（Steven Spielberg）的想像中，大腦袋、長脖子、小身體的外星人 E.T. 長得又醜又可愛，只有一雙巨大的眼睛流露出善意。在大多數科幻作品裏，為了方便讀者想像，外星人往往以類似地球人類的樣貌出現。但是從能自動脱水捲成一個小卷兒的三體人，到能夠與樹木直接形成神經網絡的阿凡達，我們還是能看到各種關於外星人樣貌的神奇想像。

在我看來，對外星人的想像可能源自人類內心一種特別的孤獨感。我們習慣生活在熱鬧的人群中，喜歡那種鄰家雞犬聲、海內存知己的感覺。伴隨着地理大發現和信息的全球流通，地球成了地球村，人類開始成為一個血脈相連的整體。作為一個群體概念出現的地球人類，當然也希望有自己的鄰居和知己。而我們追尋的目光，必然在地球之外，在茫茫夜空，在宇宙深處。

1968 年，在阿波羅 8 號飛船離開地球、飛向月球的航程中，幾位宇航員第一次親眼目睹了我們這顆藍色星球的全貌（見圖

1）。於是在天文尺度上，全人類瞬間連接成了一個有機的整體，而那種孤獨感可能也同時達到了頂峰：在這茫茫星海裏，是否還有我們的同類和朋友？

圖 1　著名的「地出」照片，拍攝於 1968 年 12 月 24 日平安夜，攝影師是正在月球軌道航行的阿波羅 8 號的宇航員。在這張照片裏，我們蔚藍色的母親星球剛剛躍升過月球的「地平線」。許多人看到這張照片的第一感覺都是孤獨，一種鑲嵌在黑天鵝絨般的深邃宇宙背景中的孤獨。甚至有人說，這張照片是世界性環境保護運動的發令槍和催化劑，因為它讓我們看到自己的母親星球是如此美麗、脆弱和孤獨。

那麼，地球人類真的有鄰居嗎？如果有的話，他們在哪兒？

事實上，考慮到整個宇宙的時空尺度，我們可能需要極強的人類「沙文主義」情懷，才會不憚於認定地球人類是宇宙中唯一的智慧生物。從空間上說，地球人類所處的太陽系，不過是直徑 10 萬光年的銀河系邊緣一個黯淡的小小恒星系。在銀河系裏，類似太陽的恒星就有上千億顆，圍繞牠們做橢圓運動的行星更是難以計數。而銀河系及其所在的擁有上千個銀河系的室女座超星系團，放在半徑 460 億光年的整個可觀測宇宙中，同樣顯得平淡無奇。從時間上說，我們身處的宇宙從大爆炸至今已經走過了 138 億年的漫長歲月。地球人類從誕生至今不過區區二三十萬年，無比輝煌的恐龍時代也不過一兩億年，宇宙的壽命裏足夠興起又湮滅數不清的生命奇蹟。在這樣一個年齡超過百億年、恒星如恆河沙數（一種估計是 10^{22} 到 10^{24} 顆恒星）的宇宙，生命產生的概率哪怕只有億萬分之一，生命之花也應該早已盛開在天涯海角了。

但是如此想來，我們馬上會碰到一個邏輯上的難題——他們在哪兒？

1950 年，著名的物理學家、原子反應堆之父恩利克·費米（Enrico Fermi）在一次閒聊中，提出了一個直白簡單的問題：「（如果確實存在外星人的話）他們在哪兒？（Where are they?）」這個簡單提問背後的思想是很深刻的。首先，考慮到宇宙的空間尺度和天文數字般的行星數量，存在生命的星球應該數量極其龐大；其次，宇宙的年齡又是如此古老，足以允許生命演化出智慧，並駕駛着他們各自的交通工具往來穿梭（畢竟地球人類從走出非洲故鄉，到製造出能飛出太陽系的飛行器，只用了區區五六萬年）。因此，我們地球人類應該每天都看得到外星人的航天器往來穿梭，有數不清的外星使者前來表達善意或是宣佈戰爭才對啊！

當然，費米的提問也可以反過來理解：既然我們不能每天都看到 E.T. 的來訪，那麼是不是能夠反推出其實外星生命（或者至少是智慧生命）並不存在，地球人實實在在就是浩瀚宇宙裏的生命奇蹟呢？

費米悖論陸續衍生出了許多有趣的科學和哲學思考。有從正面進行解讀的，認為費米悖論確實證明了地球人類是宇宙中獨一無二的存在：宇宙中要麼壓根兒就不存在其他生命，要麼其他生命還沒有演化到地球人類這樣的智慧水平，要麼某些生命雖然曾經輝煌過但是早已在歷史中煙消雲散。也有從反面進行解讀的，認為費米悖論並不能説明外星人不存在，反而可能説明地球人太愚蠢了。可能是由於短短幾萬年的地球文明還沒有足夠的時間等到來自外星文明的信息；可能是因為人類太過落後，壓根兒就不知道怎麼去檢測外星文明的信息，更不知道怎麼發射信息；也可能是因為其他高級文明很巧妙地隱藏甚至孤立了自己；等等。這個開放性的問題後來成了許多科幻作品的背景，包括讀者熟悉的劉慈欣的《三體》。在《三體》中，大劉對費米悖論的解釋是，大量的外星智慧生命確實存在，但是由於文明間的生存競爭和交流障礙，所有高級文明都很好地隱藏着自己。

費米悖論的一個著名衍生品就是美國康奈爾大學的天文學

家弗蘭克·德雷克（Frank Drake）於1961年提出的德雷克公式：

$$N = R_* \cdot f_p \cdot n_e \cdot f_l \cdot f_i \cdot f_c \cdot L$$

- N = 銀河系中可能和我們建立交流的外星文明的數量（當然，我們現在對它究竟是幾乎一無所知）；
- R_* = 銀河系內部的恒星生成速率；
- f_p = 銀河系內部的恒星當中，有行星系或者可能形成行星系的比例；
- n_e = 對於每個有行星的恒星，其擁有宜居環境的（類地）行星的平均數量；
- f_l = 上述行星中，確實有生命存在的行星的比例；
- f_i = 上述行星中，出現智能和文明的行星的比例；
- f_c = 上述行星中，擁有運用科技手段向外太空進行廣播的比例；
- L = 上述行星中，向外太空進行傳播的時間總量。

這個概念性的公式總結了影響智慧生命之間交流的各種因素，例如恒星數量、恒星是否有行星、生命出現的可能性，等等。嚴格來說，德雷克公式的目的倒不在於真正計算外星智慧生命的可能性和數量，而在於從邏輯上探討甚麼東西影響了我們和外星智慧生命的交流。許多人（包括德雷克本人在內）都對公式的各個參數做過估計，得到的最終計算值 N 的預測範圍極廣，從僅有萬億分之一個到數百萬個。順便八卦一下，德雷克公式又叫綠岸（Green Bank）公式，是不是很熟悉？我們有足夠理由相信，大劉《三體》中的「紅岸基地」應該是在向它致敬。

費米的提問實際上也催生了許多搜索外星智慧生命甚至試圖與之交流的努力。1960 年，弗蘭克・德雷克將射電天文望遠鏡對準了兩顆看起來類似太陽的恒星——天苑四和天倉五，並在 21 厘米波長頻段上記錄了數百個小時的電磁波信號。這項探索性研究被命名為奧茲瑪計劃（Project Ozma），令人毫不意外地一無所獲，但它孕育了此後延續數十年、至今有成千上萬名全球科學家參與的搜尋地外文明計劃（search for extraterrestrial intelligence, SETI）。隨着技術的發展，在可預見的未來，地球人類將會有能力同時持續監聽千萬顆量級的恒星信號，極大地提高發現外星智慧生命的能力。

當然，整個 SETI 計劃都基於一個簡單但並不顯然的假設：那些外星智慧生命（如果真的存在的話）必須積極地、持續地用大功率向全宇宙發射一些容易被破譯的無線電信號。從上面的討論就能看到，這個假設是很有問題的：如果那些文明還沒有能力發射高功率的無線電信號呢？如果他們的信號我們無法理解呢？如果他們故意隱藏自己不發射信號呢？因此，把找尋地外智慧生命的希望完全寄託在 SETI 或者類似的項目上是不明智的。

因此，2009 年升空、圍繞太陽運行的開普勒空間望遠鏡（見圖 2）用的就是完全不同的思路。該任務專注於尋找太陽系之外類似於地球的所謂「宜居」行星。它的邏輯是，我們先不談外星人是不是會發來信息，看看是不是真能找到適合人類居住（因此也有可能適合類似地球生命的外星生命出現）的行星再說。

等找到了這樣的行星，我們再去有針對性地探測外星智慧生命。開普勒任務碩果纍纍，在幾年時間內就發現了上千顆新行星；而主持開普勒任務的美國國家航空航天局（NASA）在過去幾年裏一次又一次地玩着發現了各種「另一個地球」的標題黨遊戲。當然，這些發現與其説解決了或者要解決費米悖論，不如説強化了費米悖論：一次任務就發現如此多的行星和類地行星，不就更能説明地球和地球人類在宇宙中其實並不特別，也並不孤單嗎？

圖 2　開普勒空間望遠鏡的藝術想像。簡單來説，當行星圍繞恒星公轉，恰好處於地球和該恒星之間時，就會部份地遮擋恒星的光信號。因此從地球上看，恒星的光信號就會出現週期性的波動，根據波動的頻率和強弱可以推斷出行星的公轉週期、質量和半徑等信息。同時，溫度較低的行星在吸收恒星的光後會發射頻率較低的信號，這個信息也可以幫助我們推斷該行星的元素構成。2015 年 7 月，各大媒體都在熱炒的所謂「第二個地球」，就是開普勒空間望遠鏡發現的新類地行星 Kepler-452B。

如果把開普勒任務的邏輯推演到極致，就不得不引出另一個概念——「戴森球」（Dyson sphere）。1960 年，美國物理學家弗里曼·戴森（Freeman Dyson）在一篇學術論文中提出了一個想法：如果外星智慧生命演化到一定程度，行星本身的能量很可能已經不夠用了，因此近乎必然地會試圖利用整個恒星產生的能量。實際上人類已經在做了：在地球和太陽軌道運行的各種人造航天器都或多或少地需要利用太陽能。那麼，當外星文明發達和擴張到一定程度，吸收和利用恒星能源的各種「人」造物體將會以極高的密度存在於恒星周圍，在極端情況下甚至可以像一個「球」一樣包裹住整個恒星（見圖 3）。這樣的所謂戴森球結構，可能會密集到足以像行星那樣遮擋恒星的光線；與此同時，這些人造物體由於溫度會大大低於恒星，因此在吸收恒星能量後會產生波長長得多的紅外輻射。因此在戴森看來，利用這一點尋找戴森球，可以幫助我們定位那些遙遠的高度文明的外星生命。

圖 3　一種幻想中的戴森球。戴森球還有不少有趣的變種，比如戴森環、戴森網、戴森雲，等等。牠們的基本邏輯是類似的：大量用於採集恒星能量的「人」造物體包圍在恒星周圍，產生了可以在萬里之外被檢測到的光譜變化。從某種意義上説，人類已經處於建設戴森球的最初級階段，我們所製造的上千顆人造地球衛星和太陽系內的飛行器，都會採集太陽能並產生微弱的紅外輻射。

這聽起來特別科幻，但是開普勒空間望遠鏡其實就是依靠這個指標來尋找和分析行星的。那麼自然就會有科學家利用開普勒發回的數據來分析和尋找可能存在的戴森球了。實際上，在 2015 年，科學家在世界各地的天文愛好者的幫助下，真的從浩如煙海的開普勒數據中找到了這麼一個可能的戴森球！這顆被命名為 KIC 8462852、距離我們 1480 光年的恒星，似乎總是被形狀不規則、軌道高低不同、週期也不固定的許多物體環繞和遮擋着，這一現象看起來無法用任何已知的天文現象（例如行星、巨大的彗星、星際塵埃等）所解釋。難道這是一個並未完工的戴森球？如此震撼的發現當然需要更多更細緻的研究，在這一發現的啟發下，SETI 利用阿倫射電望遠鏡陣列對 KIC 8462852 進行了 180 小時的無線電監聽。就在你讀到這本書的時候，全世界還有許多大型的望遠鏡在持續追蹤着這個奇怪的天體（當然，即使不是戴森球，科學家也希望能更好地理解這個反常的天文現象）。不過，目前並沒有發現甚麼可疑信號，但是發現 KIC 8462852 的故事至少説明尋找戴森球已經不完全是個科幻概念，人類已經實實在在地具備了這個能力。在這個思路的指引下，我們尋找外星智慧生命的視野將會極大地拓寬，因為我們可以拋開解碼無線電信號，或是尋找類地行星的局限，直接通過觀測恒星光譜就可以嘗試尋找一個高度先進的外星文明了。

在被動的尋找之外，人類更激進的嘗試是乾脆直接向太空廣播，讓「別人」聽到或看到我們的存在。當然，這樣我們需要解決的問題比被動地等待要多得多，地球人類目前的技術水平沒辦法對着全宇宙廣播，因此需要挑選出極少一部份星體有針對性地發送信息。問題之一是我們怎麼知道應該向哪些星星打招呼呢？而下一個問題就更麻煩了：我們怎麼知道和「他們」說甚麼？要知道，即使是在同一個地球上生活、彼此分開不過短短幾萬年的人類，都已經發展出成百上千的語言類別，那麼彼此遠隔千萬光年、所處環境截然不同的文明之間肯定有着巨大的交流障礙。

所以從某種意義上說，主動廣播有點像行為藝術，與其說是要嚴肅地和外星智慧生命建立聯繫，倒不如說是在熱熱鬧鬧的現代生活裏，給地球人類一個總結和反省的機會。

上點年紀的讀者可能都記得著名的旅行者金唱片（見圖4）。1977 年，美國發射的兩艘旅行者探測器（旅行者 1 號和旅行者 2 號）分別攜帶了一張鍍金的唱片，裏面記錄了來自地

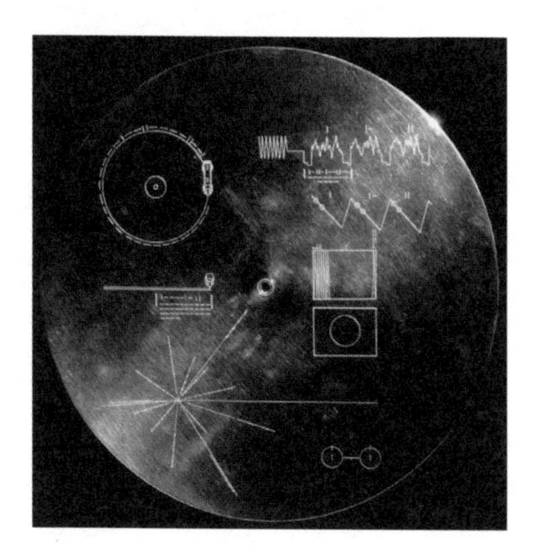

圖 4　旅行者金唱片的封面。圖案上半部份提供了簡單的解讀唱片內信息的方法（例如左上部份就是介紹如何置放唱片針、轉速多快，等等；右上部份介紹的是如何將唱片裏的模擬信號轉換為二進制信號，從而讀出圖片、音樂等信息）。下半部份的信息是太陽系在銀河系中的位置（左下）和氫原子的能級轉換時間（右下）。2013 年，旅行者 1 號歷經 36 年 187 億公里的遠行，終於離開太陽系，進入人類從未涉足過的恒星際空間，帶着全人類的光榮和夢想向銀河系深處挺進。儘管電池失效的它再也不會向地球發回任何信號，但是想到在茫茫宇宙中還有這麼一顆人類文明的小小種子，全人類都應該感到驕傲和溫暖，並更加團結。

球的聲音和圖像，有 55 種人類語言錄製的問候語（包括了我們的普通話、粵語、閩南語和吳語），還有當時的美國總統和聯合國秘書長的問候。難道我們還期待外星人能夠理解巴赫的音樂有多美、甚麼是聯合國、秘書長是幹嘛的嗎？

其實，不管是思辨式的費米悖論和德雷克公式，還是實踐中的 SETI 和各種主動廣播，都還沒有提供任何線索，能夠哪怕稍微提示一下外星生命是否存在，更不要說外星智慧生命了。據悲觀的估計，在我們這幾代人的生命歷程裏，我們可能難以得到任何一點點有意義的線索。畢竟，前後幾十年的光陰、直徑一萬多公里的地球，在大宇宙裏實在是太微不足道了。

1974 年，位於加勒比海波多黎各的阿雷西博射電望遠鏡（見圖 5）向兩萬五千光年以外的 M13 星系團發射了著名的「阿雷西博信息」，這條長約 210 比特、功率 1,000 千瓦的信息描述了十進制、DNA 的化學構成、人類的外貌、太陽系的結構以及阿雷西博望遠鏡的樣貌——這些信息濃縮了當時人類文明的最高成就。然而，即使微弱的信號真的能跨越兩萬五千光年的距離，即使 M13 星系團上真的有智慧生命解讀了這條信息，即使他們當真充滿善意地回覆了地球人的呼叫，地球人類也還需要等待往復五萬年才能聽到他們的答覆！要知道在五萬年前，人類的祖先還在源源不斷地走出非洲，現代中國人的祖先還在漫漫遷徙路上。那個時候，祖先無時無刻不面臨着猛獸、疾病和自然災害的威脅，應該還沒有甚麼閒情逸致仰望星空或者鑽研數字。又有誰能夠估計，五萬年後的人類相比今天的我們會有怎樣的變化，當他們（萬一）接收到了來自 M13 星系團的回答，會是怎樣的心情？我們需要擔心嗎？我們應該感到高興嗎？我們真的可以找到同類，真的可以被其他文明所理解嗎？

圖 5　阿雷西博射電望遠鏡，直徑 350 米，曾經是全世界最大的射電望遠鏡，但是如今已經被中國正在建設的 500 米口徑球面射電望遠鏡（FAST）超越。

不管地球人類尋找同類的願望有多麼熱切，在我們這一代人的短短幾十年生命中，估計很難得到任何確定性的「有」或者「沒有」的答案。既然很多時候我們只能被動等待外星生命的出現，那麼我們倒不如反求諸己，先追問一下地球上的智慧生命——我們自身——到底是怎麼來的，又是如何演變成今天這個樣子的。這樣的追問也許可以幫助我們更好地理解外星生命是否存在，如果真的存在，大致會是甚麼樣子的。

帶着這個目的，我們來講講人類的生命到底是甚麼以及人類智慧背後的生物學故事。

在 46 億年前，熾熱的原始地球在宇宙塵埃的餘燼中逐漸成形，並慢慢冷卻形成堅硬的外殼。外殼不斷地被撕裂又閉合，岩漿從地底深處帶來的濃煙籠罩大地，而彗星這樣的宇宙流浪者為地球帶來了最早的水。在這個表面被沸騰的海洋覆蓋、終日雷鳴電閃、飽受火山噴發和隕石雨摧殘的地球上，生命開始了漫長的旅程。今天人們找到的化石證據證明，最晚在 35 億年前地球上已經出現了細菌，而間接的證據（例如碳同位素檢測技術）提示我們，哪怕是在更早的四十多億年前，在那個我們今天的人類難以想像的人間煉獄中，已經有了生命的最初痕跡。

斗轉星移，滄海桑田，四十多億年過去，我們這種在分類學上被歸入脊索動物門、脊椎動物亞門、哺乳綱、真獸亞綱、靈長目、類人猿亞目、人科、人屬、智人種（*Homo sapiens*）的生物，作為我們星球上唯一一種智慧生命「君臨天下」。四十多億年太久太久，我們也許永遠都不可能真正地為我們的生命和智慧尋根溯源，但是這段壯麗歷史中的許多重要事件，卻早已成為了我們的一部份。因此，如果能對這些構成「我們」的要素做一點回顧，也許能讓我們更好地理解生命和智慧生命，更好地幫助我們猜測在茫茫宇宙中到底有沒有我們的同類。

讓我們開始吧！

第 1 章

生命是甚麼：從靈魂論到物理學

生命是甚麼？或者說，一個東西到底需要具有甚麼樣的特徵，才會被我們地球人類看作生命？

基於日常經驗和直覺，我們很容易回答這個問題。路邊的一堆石頭瓦礫，對比一棵樹，一隻貓，一個人，區別似乎是顯而易見的。楊柳新枝，春華秋實，我們看得到樹木的變化；一會兒上躥下跳，一會兒呼嚕嚕睡覺，我們也看得到小貓的變化。至於我們人類自己，除了吃喝拉撒睡，還能用語言交流，能理解抽象的概念。這一切都和那一堆靜靜待在那裏、看起來沒有絲毫變化的瓦礫石頭很不一樣。

但是這些「不一樣」背後的本質差別是甚麼呢？我們看到的這些「變化」又是如何產生的？是哪些要素構造和推動了生命現象呢？而最終我們將不得不面對的問題則是，這些構成生命現象的要素，真的是人類智慧可以最終理解的嗎？

三種靈魂

最後這個問題看起來似乎不言而喻。讀者想必都受過相當一段時間的正經科學教育，自然而然地會用唯物主義的眼光來看待生命：生命現象再複雜精巧，也必定是有物質基礎的，也必定是存在一個科學解釋的。哪怕今天我們還不知道這種物質基礎和科學解釋是甚麼。

但是在很長一段時間裏，人們普遍相信生命具備一種神秘難解的特性。

這一點倒也不難理解。在我們的前輩看來，生命現象實在是奇妙得不可思議。生命看起來居然能夠自然發生——一潭污穢的死水裏會飛出蚊子，一堆腐爛的野草裏會爬出螢火蟲；生命看起來居然會持續變化——小孩子會逐漸長大成人，青草也可以歲歲枯榮周而復始；生命居然還可以一去不復返——煮熟的鴨子不會飛，逝去的親人從此陰陽兩隔。這一切都提示着，生命現象看起來必然具備一種超越了具體物質組成的、形而上學的神秘特性——我們姑且叫它「生命特殊論」好了。

古希臘的亞里士多德是古代世界許多哲學和科學思想的集大成者，他把這種神秘特性稱為「靈魂」。在他看來，這種叫靈魂的東西看不見摸不着，卻能夠賦予生命體各種各樣的神奇屬性。

亞里士多德認為植物有一種靈魂，催使牠們不斷地生長繁殖；動物則多了一種靈魂，負責感知和運動；而我們人類有三種靈魂，除了動物的兩種靈魂外，還有一種負責理性思考的靈魂（見圖 1-1）。

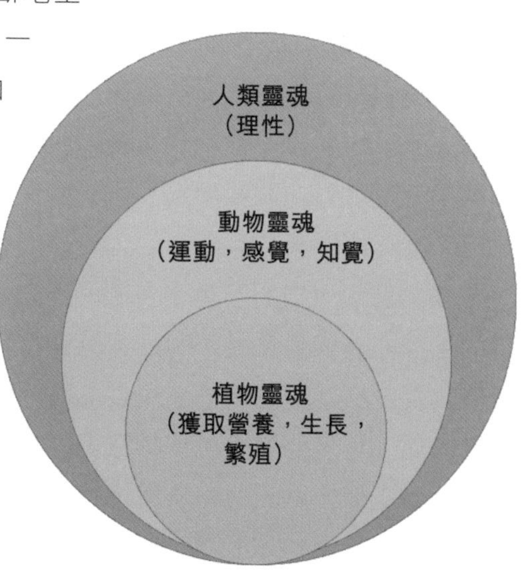

圖 1-1　亞里士多德提出的三種靈魂

刻薄一點說，這套理論不過就是把人人都能看到的東西，換了幾個抽象的詞重新說了一遍而已。植物能長高長大，還能開花結果，這一切必須有個東西來驅動，所以植物必須有負責生長繁殖的靈魂。動物除了生長繁殖之外，還會吃，會叫，會運動，所以還需要指導感知和運動的靈魂。至於我們人類自己，作為萬物之靈，我們還會思考，會做數學題，因此需要理性靈魂的驅動。

顯然，亞里士多德的靈魂理論並沒有真的解決任何問題。說物質因為這三種靈魂才有了生命力，和說水能流動是因為「水性」、火車跑得快是因為「移動性」一樣，屬於循環論證式的自說自話。至於這三種靈魂到底是甚麼東西，我們除了命名牠們之外，還能對牠們做些甚麼樣的研究，亞里士多德和他所處的時代顯然還沒有能力回答。

除此之外，亞里士多德的靈魂理論有一個非常令人不安的特點。他說的這種叫靈魂的東西，並不是一種具體的、看得見摸得著、可以對此開展觀察和研究的實在物質，而是生命的一種「表現形式」。

換句話說，按照亞里士多德的理論，靈魂這種東西只有活着的生物才有，而且並不和任何具體物質綁定。就算有人把一棵樹或者一隻貓層層剖開，用最先進的儀器一點點分析牠們的物質構成，也是絕對不可能把靈魂這種東西找出來的。這就從邏輯上阻止了人類對生命本質進行任何實際的探究。因此，如果生命的本質真的如亞里士多德所言，那麼人類只能千秋萬代地在「靈魂」這個不可觸碰、難以挑戰的概念面前頂禮膜拜。

這種聽天由命的不可知論態度遭到了許多人的猛烈批判，特別是當歐洲文明走出中世紀的陰霾，重新撿拾起理性和創造力之後。

在 17 世紀的法國哲學家勒內·笛卡兒（Rene Descartes）看來，哪裏有甚麼虛無縹緲的靈魂，生命現象完全可以用冷冰冰的科學定律來解釋，甚至只需要用人類已知的簡單機械原理就足夠了。

笛卡兒的這種思想被他的忠實追隨者、法國發明家雅克·德·沃康松（Jacques de Vaucanson）用一種戲劇化的方法呈現了出來。沃康松製作了一隻機械鴨子（見圖 1-2）。在發條的驅動下，這隻鴨子能搧翅膀，能吃東西，甚至還能消化食物和排洩。

當然了，沃康松的鴨子並不是真的能消化食物。它僅僅是依靠發條驅動張開「嘴巴」，把「吃」下去的食物存在肚子裏；

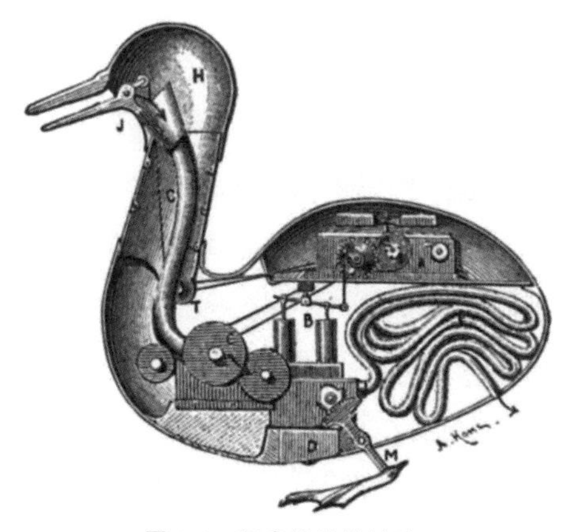

圖 1-2　沃康松的機械鴨子

隨後又把肚子裏預先存好的排洩物從屁股那裏「排」出來而已。但是這隻火遍了全歐洲的機械鴨子卻實實在在地引領了機械論生命哲學的風潮。既然簡單的幾根發條就能以假亂真地模擬出運動乃至食物消化吸收的功能，那假以時日，人類的能工巧匠真的能仿製出生物體的某些機能，也不是不可想像的吧？再推演得更遠一步，我們是不是也能説，生命現象不管看起來多麼複雜，多麼不可思議，應該也是某些簡單的機械原理驅動的吧？它應該也是可以被我們人類所理解的吧？我們又何苦需要一個高高在上的靈魂概念來解釋生命呢？

但是很遺憾，這種早期的樂觀主義情緒卻沒能持續多久。回頭來看，在那個時代，相比起生命現象的複雜程度，人類的知識儲備實在是太薄弱了。

再舉一個我們耳熟能詳的例子：動物從受精卵到成熟個體的發育過程。在上百年的時間裏，人們一直沒有找到辦法能把機械理論和胚胎發育的過程自洽地融合在一起。一枚小小的受精卵能夠從小變大，最終變成一個和父母相似的生物，這件事怎麼看也不像是槓桿滑輪一類的機械系統能夠解釋的。就算假設受精卵裏存着一幅生物體的設計藍圖，那總得有建築師按照這張藍圖施工吧？這個建築師又藏在哪裏呢？

在 19 世紀末，德國科學家漢斯・杜里舒（Hans Driesch）更是發現了一個聳人聽聞的現象。他收集了處於四細胞期（即受精卵經過了兩次細胞分裂）的海膽胚胎，然後把四個細胞分裂開來單獨培養。按照機械論哲學的預測，這四個細胞應該會分別變成海膽的一部份，拼起來才是一個完整的海膽。但是實驗結果卻是，四個細胞分別長成了體形較小，但是形態仍舊正常的海膽（見圖 1-3）！這種奇怪的現象，如果不動用某種類似於「靈魂」的概念，來説明生命現象有某種凌駕於物質之上的、系統性的甚至精神性的規律，好像還真的不好理解。畢竟對於任何一種人類機械，如果大卸四塊，估計都將立刻停止工作，怎麼可能會變成四個個頭較小的機械？

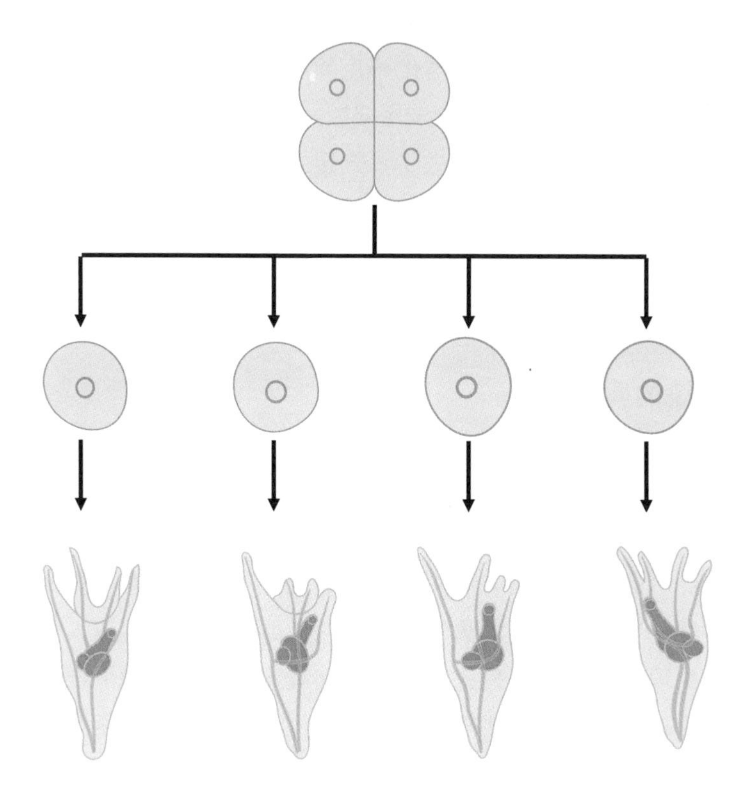

圖 1-3　海膽胚胎四個細胞分離開，各自都可以長成完整的海膽。

因此說來也很無奈，在亞里士多德逝世兩千年後的 19 世紀，他大多數具體的科學論點，比如五種元素構成世界、物體運動是因為推動力的存在，都已經被後輩科學家無情地拋棄或是修正了。然而他關於生命源自「靈魂」驅動的理論卻近乎完整地保留了下來，並且以所謂「活力論」的形式重新成為科學主流。甚至連鐵桿的機械論者笛卡兒，在談及人類心智的時候還是舉起了所謂「二元論」的大旗。儘管他宣稱動物和人類的身體可以還原到基本的物理化學定律，但是在他看來，人類心智還是太過複雜奧妙，是無法用機械論解釋的。

當然，畢竟兩千年過去了，人類的科學知識儲備和亞里士多德時代相比不可同日而語。因此，相比自説自話的「靈魂」論，生逢其時的「活力」學說有了更清晰的科學基礎。

活力論的興衰

18 世紀，現代化學誕生了，許多原本複雜難解的自然現象得到了解釋。法國科學家安托萬－洛朗・德・拉瓦錫（Antoine-Laurent de Lavoisier）利用燃燒實驗推翻了燃素學說。從此人們才開始明白，跳動的火苗、五顏六色的煙火，這些讓人目眩神迷的現象，實質上只是不同物質和氧氣的化學反應。為了解釋常見化學物質的構成，拉瓦錫還從古希臘人那裏借用了「元素」的概念，認為世間萬物都是由不同元素（即不可再分的化學物質）組合而成的（拉瓦錫製作的第一份元素列表見圖 1-4）。

TABLE OF SIMPLE SUBSTANCES.

Simple fubftances belonging to all the kingdoms of nature, which may be confidered as the elements of bodies.

New Names.	*Correfpondent old Names.*
Light	Light.
Caloric	Heat. Principle or element of heat. Fire. Igneous fluid. Matter of fire and of heat.
Oxygen	Dephlogifticated air. Empyreal air. Vital air, or Bafe of vital air.
Azote	Phlogifticated air or gas. Mephitis, or its bafe.
Hydrogen	Inflammable air or gas, or the bafe of inflammable air.

Oxydable and Acidifiable fimple Subftances not Metallic.

New Names.	*Correfpondent old names.*
Sulphur Phofphorus Charcoal	The fame names.
Muriatic radical Fluoric radical Boracic radical	Still unknown.

圖 1-4　拉瓦錫製作的第一份元素列表，表中列出了當時已知的許多重要元素（例如氫、氧、硫等）。值得注意的是，拉瓦錫仍然把光（Light）和熱質（Caloric）列為元素。

更進一步地，英國科學家約翰·道爾頓（John Dalton）天才地提出了原子論，認為化學物質無非是不同化學元素的原子微粒組合而成的，而化學反應的本質其實就是這些原子顆粒的重新排列組合。在元素學説和原子論的光芒照耀下，整個 19 世紀，在來自世界各地的礦藏中發現了大量的新元素和新化合物。因此人們自然而然地想到，也許生命現象的本質就是某種特殊的化學物質，或者是某種特殊的化學反應？

也就是從這裏開始，人們重新開始試圖用還原論的思想理解生命現象。

稍晚些時候，生物學領域也收穫了重要的突破。法國生物學家路易斯・巴斯德（Louis Pasteur，見圖 1-5）受酒商的委託解決啤酒和葡萄酒變質的問題，因此他仔細研究了啤酒的正常發酵過程。很快他發現，發酵和變質本質上是一回事。無論是糖到酒精的正常發酵過程，還是糖到乳酸的變質過程，都需要一種微小的單細胞生物——酵母——的參與。更重要的是，只有活酵母才能驅動發酵和變酸的反應，如果把葡萄預先高溫處理，殺死酵母，那麼葡萄汁放得再久也不會發生變化。

圖 1-5　巴斯德，微生物學之父。巴斯德不僅證明了發酵過程是由微生物驅動的，而且進一步提出人類疾病也可能是微生物導致的。他發明了沿用至今的巴氏消毒法殺滅食物中的微生物，還製作了世界上第一個狂犬病疫苗。

從這個簡單的觀察出發，巴斯德推測，許多生命現象（包括許多人類疾病）可能都是由微生物引起的。他的這些研究標誌着微生物學的誕生，人類從此開始正視這個看不見摸不着但同樣生機勃勃的生物世界。也正是因為有了巴斯德的偉大發現，今天的我們才有了滅菌術、抗生素和各種各樣的疫苗。

不過，對於我們的故事而言，可能更重要的是巴斯德戲劇性地把他的發現向前（錯誤地）推演了一步。他認為，既然只有活酵母才能催化發酵過程，那麼反過來，發酵就是只有生命才具備的化學反應。也就是説，生命和非生命的界限可能就在於許許多多類似發酵的、只有在生命體內才能進行的化學過程。

在這些學科大發展的背景之下，瑞典化學大師永斯·雅各布·貝采利烏斯（Jöns Jakob Berzelius）從亞里士多德和笛卡兒那裏接過了生命特殊論的大旗，為這種哲學理論賦予了全新的科學內涵——活力論。

和亞里士多德一樣，貝采利烏斯同樣認為生命有着獨特的、被他稱為「活力」的性質。貝采利烏斯認為，所謂活力就是某些特殊的化學物質和化學反應。牠們只存在於活着的生物體內部，絕不會在自然界自然出現。這些特殊的活力物質和活力反應，正是生命現象的物質基礎。

拿跨越兩千年的靈魂論和活力論比較一下，你會發現背後有一種一脈相承的生命特殊論哲學，人類對生命現象的理解居然是如此步履蹣跚。

但是，活力論雖然看起來是改頭換面的靈魂論，但是兩者的出發點是完全不同的。就像我們剛剛説到的，亞里士多德的靈魂論等於是徹底放棄了人類理解生命現象的可能性，臣服於複雜難解的生命現象之下，但是貝采利烏斯的活力論卻是可以接受科學實驗檢驗的。

根據貝采利烏斯的理論，如果人類科學家確實在生命體內部找到了某種特殊的化學物質或者化學反應，而這種物質或反應絕對不可能在非生物環境中出現，那我們就能夠驕傲地宣稱我們理解了生命的本質；反過來，如果我們「上窮碧落下黃泉」之後也沒發現生物體內有任何特殊的東西，那至少可以説活力論是一種錯誤的假設，我們還得繼續去探尋生命的解釋。

因此，和靈魂論不同，活力論簡直是人類智慧對生命現象下的一道挑戰書。科學之所以從誕生之日起不斷推陳出新，恰恰是因為它的這種勇氣和開放性。在科學的語言裏，沒有「自古以來」，沒有「理當如此」。在證據面前曾經倒下過數不清的科學假説和思想，但是對客觀世界規律的深入探索卻從未停步。

而歷史的巧合是，建立活力論的是化學家貝采利烏斯，給活力論敲響第一聲喪鐘的也是化學家——居然是貝采利烏斯的學生。這種巧合所反映的也許恰是科學探索的百轉千迴和柳暗花明。

1824 年，德國化學家弗里德李希·維勒（Friedrich Wöhler）在實驗室開始了一項新研究，他試圖合成一種名為氰酸銨的化學物質。為此，他將氰酸和氨水——兩種天然存在的物質——混合在一起加熱蒸餾，然後分析燒瓶裏是否出現了他希望得到的新物質。但他發現，反應結束後留在燒瓶底部的白色晶體並不是氰酸銨。

到了 1828 年，他終於肯定了這種白色晶體的成份其實是尿素：

$$NH_3 + HNCO \rightarrow [NH_4NCO] \rightarrow NH_2CONH_2$$

氨　氰酸　　氰酸銨　　尿素

這個結果讓他困惑不已[①]。實際上，在此前的幾年裏，維勒與其說是在慢慢揭示這種白色晶體的成份，倒不如說他是在反覆確認尿素這個發現的正確性[②]。

維勒如此小心謹慎不是沒有原因的。因為尿素——顧名思義，是一種從動物尿液中純化出的物質——是一種不折不扣的僅有生物體才能合成的「活力」物質！換句話說，維勒的意外發現證明，所謂的活力物質——或者至少某些活力物質——沒有甚麼神秘的，完全可以直接利用天然存在的物質簡單方便地製造出來。

當然，和所有違反常理的發現一樣，維勒的實驗結果遭遇了全方位的質疑和挑戰。其中最有趣的一種是懷疑維勒在做試驗過程中不小心接觸到了燒瓶裏的反應物質，從而把自身的「活力」傳了過去（我們可以想像，這確實是一種邏輯上自圓其說、無法證偽的解釋）。不過在維勒之後，越來越多的「活力」物質被化學家合成了出來。1844 年，受到維勒實驗鼓舞的德國化學家赫曼・科爾伯（Hermann Kolbe）合成了第二種「活力」物質——醋酸。之後越來越多的化學家在實驗室的瓶瓶罐罐裏製造出了花樣繁多的「活力」物質，活力論的陣腳開始鬆動了。

其實如果從邏輯上說，維勒的尿素合成和科爾伯的醋酸合成本身並不能說明生物體內就不存在活力物質和活力反應。反

---

① 直到今天，我們仍然不十分清楚為何氰酸銨會自發重排成尿素。
② 據說，當確認了實驗的產物明白無疑就是尿素之後，維勒興奮地給他的老師、活力論的集大成者貝采利烏斯寫信說：「我必須要告訴您，我能夠完全不依靠動物的腎臟製造出尿素來！」而老師的反應是：「你乾脆說你能在實驗室製造一個孩子來算了！」

對者完全可以修改對活力物質的定義，認定能被輕易合成的尿素和醋酸根本就不是甚麼活力物質，真正的活力物質仍然隱藏在生命體複雜的活動之後，不輕易露出廬山真面目。這正是為甚麼在此之後巴斯德仍然會（錯誤地）認為發酵是生命體內獨有的化學反應。

但是站在歷史的進程中看，人類又一次走到了解釋生命現象的十字路口。

道理是顯然的，既然尿素和醋酸這樣的「活力」物質在實驗室裏也可以批量製造，那麼生產這些「活力」物質的化學反應過程應該也不神秘，完全可能在實驗室重建出來。這樣的話，我們就不一定需要借助某種僅存在於生物體內部的東西才能解釋生命的某些活動了——至少生物製造尿素和醋酸的過程就不再需要這種假設了。

既然如此，那為甚麼不乾脆一些，假設生命現象本質上和自然界發生的物理化學現象並沒有甚麼明確的界限？或者，為甚麼不乾脆用已知的物理和化學規律去解釋整個生命現象呢？

燒瓶裏的原始地球

真正為靈魂論和活力論釘死棺材板，在物質層面徹底葬送生命特殊論的，是大名鼎鼎的米勒—尤里實驗。

1952 年，美國芝加哥大學的博士新生斯坦利・米勒（Stanley Miller）對地球生命的起源問題產生了濃厚的興趣。他説服了自己的導師、諾貝爾化學獎獲得者哈羅德·尤里（Harold Urey），設計了一個即使在今天看來也有點科幻色彩的實驗。

米勒的野心是在小小的實驗室裏模擬原始地球的環境，看看在那種環境裏，構成生命的物質能否從無到有地自然產生。可以看出，米勒的目標比單純在實驗室裏合成某種「活力」物質要激進得多。他的希望是檢驗在遠古地球環境中，各種「活力」物質能否自發地出現。

根據當時人們對原始地球環境的猜測，米勒搭了一個略顯簡陋的實驗裝置（見圖 1-6）。他在一個大燒瓶裏裝上水，點上酒精燈不斷加熱，模擬沸騰的海洋。他還在裝置裏通進氫氣、甲烷和氨氣，模擬上古時代的地球大氣。米勒還在燒瓶裏不斷點燃電火花，模擬遠古地球大氣的閃電。實驗的真實情景可以想像：在酒精燈的炙烤下，「海水」不斷蒸騰，濃密的水蒸氣升入「大氣」，形成厚厚的雲層。濃雲中雷鳴電閃，暴雨傾盆，

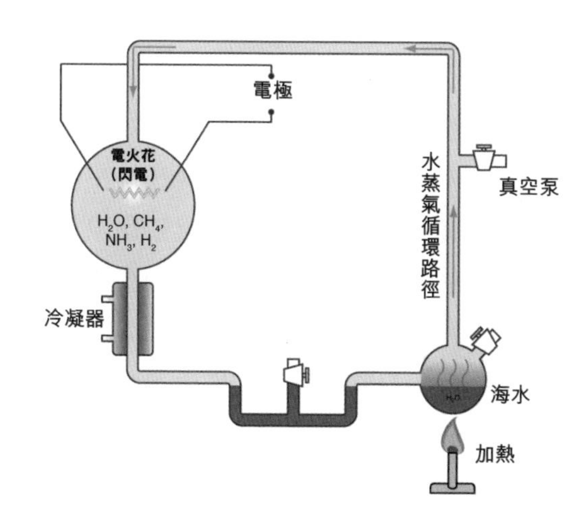

圖 1-6　著名的米勒—尤里實驗（Miller-Urey experiment）。米勒讓水在通電的氣體燒瓶（左上）和加熱的液體燒瓶（右下）之間循環往復，從而模擬了原始地球海水沸騰、電閃雷鳴、暴雨傾盆的情景。

又在不斷攪動沸騰的「海洋」。這套簡單的裝置，可以說是米勒對原始地球環境一種非常簡單、非常粗糙的還原。

短短一天之後，某些奇怪的事情就發生了——燒瓶裏的水不再澄清，而是變成了淡淡的粉紅色，一定有某些全新的物質生成了。即使有這樣的心理準備，當一週之後米勒停止加熱，關掉電源，從燒瓶裏取出「海水」進行分析的時候，結果還是大大出乎他的意料。海水中出現了許多全新的化學物質，甚至包括五種氨基酸分子！

眾所周知，氨基酸是構成蛋白質分子的基本單位。地球上所有生命體中的蛋白質分子，都是由 20 種氨基酸分子排列組合而成的。而蛋白質是甚麼？蛋白質是組成地球生命的重要物質，人體內蛋白質分子佔到了體重的 20%，僅僅少於水份所佔的比例。在人體的每一個細胞裏，都有超過 10 億個蛋白質分子驅動着幾乎全部生命所需的化學反應：支撐細胞結構、傳遞細胞信號、複製和翻譯遺傳信息、產生和消耗能量，等等。說氨基酸分子是構成地球生命的基石，一點也不為過。

米勒只需要短短一週，就在一個容量不過幾升的瓶子裏製造出了氨基酸，那麼在幾十億年前的浩瀚原始海洋裏，在數千萬年甚至上億年的時間尺度裏，從無到有地構造出生命現象蘊含的全部化學反應，製造出生命所需的所有物質，乃至創造出生命本身，是不是也就不是那麼難以想像了？既然如此，我們哪裏還需要生命特殊論？至少在物質構成的角度上，包括人類在內的地球生命，並沒有甚麼特殊之處。靈魂也好，活力也好，瞬間變成了多餘的假說。

當然，用今天的眼光看，米勒—尤里實驗的設計和解讀是有不少缺陷和問題的。在 2007 年米勒去世後，他的學生仔細分析了 20 世紀 50 年代留下的燒瓶樣本，證明其中含有的氨基酸種類要遠多於最初發現的五種——甚至可能多至三四十種。這一發現更強有力地説明了製造構成地球生命的物質並非一件很困難的事情。但是另一方面，今天的研究者傾向於認為早期地球大氣根本沒有多少氨氣、甲烷和氫氣，反而是二氧化硫、硫化氫、二氧化碳和氮氣更多。因此米勒—尤里實驗的基本假設就是錯誤的。當然，後來的科學家（包括米勒的學生）也證明了即使是在這樣的條件下，只需要加一些限定，仍然可以很快地製造出氨基酸。

作為經典的自然課演示實驗，米勒—尤里實驗在全世界的課堂上被重複過成千上萬次。燒瓶裏沸騰翻滾的液體，不時擊穿濃濃煙霧的電火花，成為許多孩子認識生命現象的第一課。

生命是甚麼

從靈魂論到活力論，從尿素合成到米勒—尤里實驗，隨着我們一點點地拋棄生命特殊論，一步步將神秘莫測的生命現象還原到基本的物理和化學定律，生命和非生命之間的界限在不斷模糊。

本來我們以為，生命的本質是某種看不見摸不着、但能夠賦予生物體生機和活力的「靈魂」。後來我們認為，生命的本質是某些僅有生命體才能生產的化學物質，或者是某些只有生物體才能驅動的化學反應，又或者是某幾條僅有生命中才存在、超脱於基本物理和化學規律之上的法則定理。然而隨着越來越多的生命現象能夠被人工重現或模擬——一開始是物質，接着是化學反應，隨後可能是法則和定理——我們好像反而越來越難以確定生命的定義。

也正因為這一點，許多生物學家乾脆傾向於避免給生命下一個邊界明確的科學定義。在他們看來，有沒有這個定義根本不影響我們研究生命現象。畢竟，不需要甚麼嚴謹的科學定義，我們也都知道一棵樹或一隻貓是「活的」，也自然會把樹和貓作為生物學的研究對象。相反，非要給出這樣一個定義，反倒會讓科學研究束手束腳——最好的例子就是已經被證明是錯誤的活力論。如果説生命的本質是新陳代謝，是與環境之間持續的能量和物質交換，那一台嗚嗚作響的蒸汽機是不是生命？如果説生命的本質是自我複製，萬一我們造出一套能打印自己的3D 打印機怎麼辦？如果説生命的本質是對環境作出反應，那自動抓拍超速和闖紅燈車輛的攝像機又算甚麼？

必須承認，在我們的故事裏，講到米勒－尤里實驗為止，我們對生命現象的解構僅僅到了物質層面，距離真正理解生命現象背後的運行原理，還差得遠呢。不過我們還是得説，科學的進步給了我們足夠的自信，讓我們在面對仍舊複雜難解的生命現象時，不需要再不由自主地祈求某種神秘存在——不管是靈魂還是活力——的幫助了。儘管我們距離真正理解生命還有很遙遠的距離，但是我們的科學知識儲備讓我們相信，生命現象完全可以被我們所能理解的科學所解釋。

例如，在清朝末年的時候，想要給中國人解釋照相機的工作原理可能是一件非常危險的事情。歷史文獻裏記載了許多當年的達官貴人在面對相機時的驚慌失措，也記錄了許多流傳於市井的謠言。例如這東西能吸取人的魂魄，乃是洋鬼子造來害中國人的神兵利器，等等。但是在今天，哪怕是面對世界上最複雜的人造物體——波音飛機、核電站或是神舟飛船，我們也可以自信地判斷，牠們的運行一定遵循着這個世界的物理和化學定律，並不需要甚麼神秘的「靈魂」和「活力」。這並不是因為今天的我們比百年前的祖先更聰明睿智，而是因為我們擁有了一定的科學儲備，明白人類的科學進步足以支撐這些複雜裝置背後的運行原理，哪怕我們自己的所學還遠不足以理解這些原理。

這其中的道理被一位物理學家總結得透徹無比。1944年，量子力學奠基人之一、波動方程的創造者埃爾文·薛定諤（Erwin Schrödinger）出版了著名的《生命是甚麼》一書（見圖 1-7）。在這本「跨界」作品裏，薛定諤雄辯地指出，儘管在高度複雜的生命體中很可能會湧現出全新的定律，但是這些新定律絕不會違背物理學規律。遵循這個觀念，薛定諤提到生命活動需要「精確的物理學定律」，他設想生命的遺傳物質是一種「非週期性晶體」，而遺傳變異則可能是「基因分子的量子躍遷」。他敏鋭地提出，生物體需要不停地從環境中攫取「負熵」（negative entropy），才能避免死亡和衰退。而此後半個多世紀的生物學突破（在隨後的章節裏我們將一一道來）一直在印證薛定諤的自信預言。

這種自信，可能也是到此為止我們的故事裏最大的收穫。

我們希望最終理解生命，理解我們自己。而為了實現這個願望，我們必須首先假定生命是可以被我們理解的，生命現象裏沒有超越我們認知能力的神秘物質和規律。這聽起來似乎有點危險，不過能讓我們稍稍放心的是，從靈魂論到活力論，從

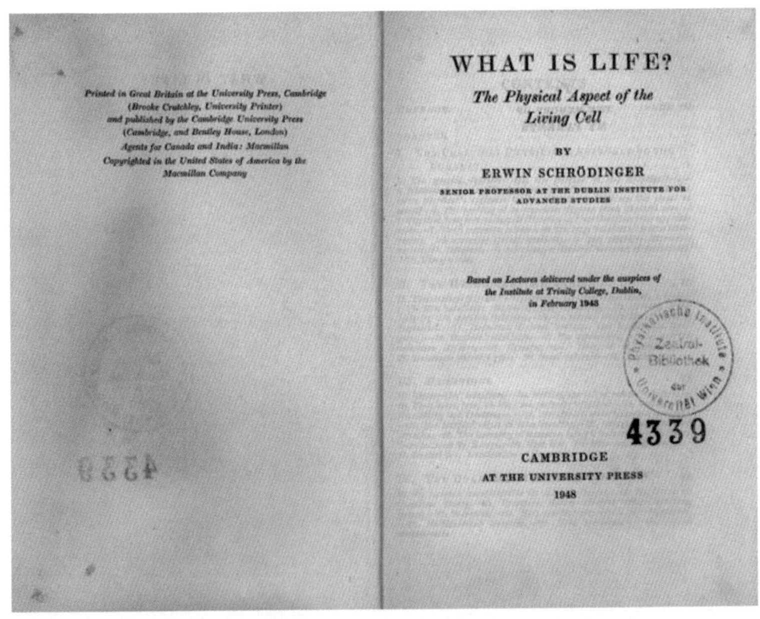
Printed in Great Britain at the University Press, Cambridge
(Brooke Crutchley, University Printer)
and published by the Cambridge University Press
(Cambridge, and Bentley House, London)
Agents for Canada and India: Macmillan
Copyrighted in the United States of America by the Macmillan Company

WHAT IS LIFE?

The Physical Aspect of the Living Cell

BY

ERWIN SCHRÖDINGER

SENIOR PROFESSOR AT THE DUBLIN INSTITUTE FOR ADVANCED STUDIES

Based on Lectures delivered under the auspices of the Institute at Trinity College, Dublin, in February 1943

CAMBRIDGE
AT THE UNIVERSITY PRESS
1948

圖 1-7　1948 年版的《生命是甚麼》。作為外行的薛定諤，憑藉這本書深刻影響了此後數十年的生物學研究。分子生物學的許多先驅人物，例如德爾布魯克和克里克，都承認受到了這本書的巨大影響。這本書也吸引了大量物理學家進入生物學領域，間接催生了分子生物學革命。

尿素合成到米勒－尤里實驗，從薛定諤的預言到今天，這個假定還看不到有被挑戰和推翻的跡象。只有當人類最終完全理解生命現象之後，我們才可以回頭驕傲地宣稱，生命現象已經被人類智慧所征服，我們終於不再需要這個假定了！

這一天仍舊遙遠，但是我相信它終將到來。

第2章

能量：生命大廈建築師

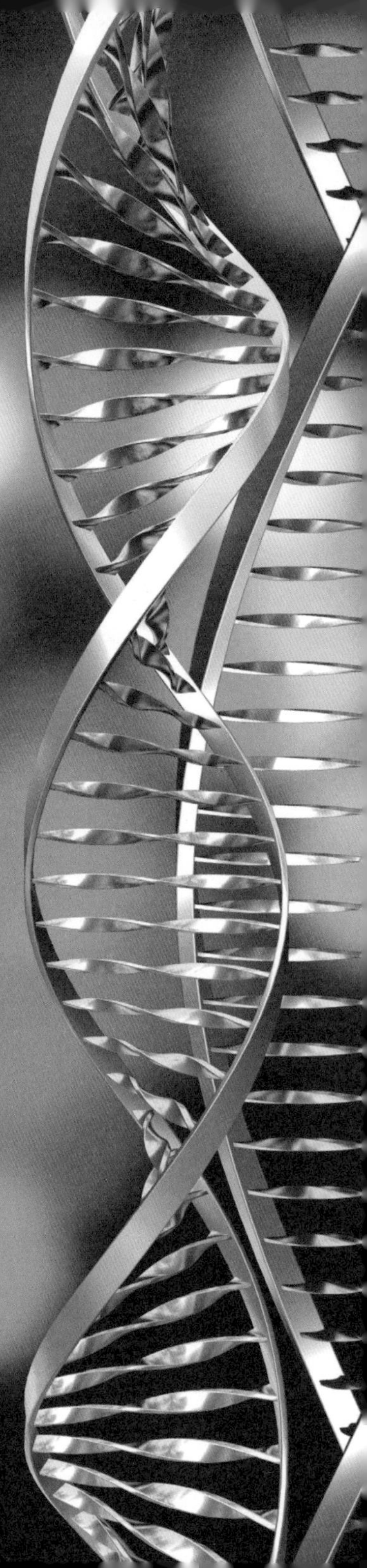

從磚頭瓦塊到生命大廈

從維勒的尿素到米勒的燒瓶，建造生命的原材料問題得到了部份解決。看起來不管是在實驗室的燒瓶裏，還是在遠古地球的環境中，製造出組成地球生命大廈的磚頭瓦塊，應該都不是甚麼難事。在今天的實驗室裏，我們更是可以輕而易舉地製造出地球生命體內最複雜的物質。

一個例子是蛋白質分子的製造。我們已經講過，蛋白質分子是生命現象最重要的驅動力，是絕大多數生物化學反應的指揮官。牠們一般由少則幾十個多則幾千個氨基酸分子按照特定的順序首尾相連而成。這條氨基酸長鏈在細胞內摺疊扭曲，像繞線團一樣，形成複雜的三維立體結構。蛋白質分子就像精密設計的微型分子機器，牠們的功能往往依賴這種特別的三維結構。在一個蛋白質分子中，哪怕有一個氨基酸裝配的錯誤、一丁點三維結構的變形，都可能徹底毀掉這台分子機器。

而在今天的實驗室裏，我們已經可以利用化學合成的方法，以 20 種氨基酸單體為原料，組裝出這樣的精密分子機器。

我們耳熟能詳的中國科學家人工合成牛胰島素的工作就是一個很好的例子。牛胰島素是一個由 51 個氨基酸、兩條氨基酸鏈組合而成的蛋白質分子。如今已經有商業化的機器可以完成這項任務（當然，受到技術限制，這條鏈還不能太長）。與此同時，我們也可以用更巧妙的方法，讓細菌或者其他微生物來幫助我們批量生產想要的蛋白質分子。

另一個很好的例子則是 DNA（deoxyribonucleic acid，脫

氧核糖核酸）——地球上絕大多數生命體用來存儲遺傳信息的物質。不管是直徑只有幾微米的細菌，還是人體內上百萬億個細胞，在這些細胞的深處，都小心翼翼地珍藏了一組 DNA 分子。對於每一個細胞而言，DNA 分子代表着來自祖先的遺傳印記，也決定了它自己的獨特性狀。和蛋白質分子類似，DNA 也是由許多個單體分子首尾相連形成的鏈條。但是作為遺傳信息的載體，DNA 分子的化學性質其實比蛋白質分子更簡單。它的組成單元只有區區四種核苷酸分子。而且和蛋白質不同，DNA 的結構可以看作一維線性的：四種核苷酸分子的排列順序形成了某種「密碼」，記載着決定生物體性狀的信息——從豌豆種子的顏色，到人類的相貌、身高和智力。我們在接下來的故事裏會講到，DNA 密碼的書寫規則其實很簡單，三個相鄰的核苷酸形成一個密碼子，決定了蛋白質分子中一個氨基酸的身份。

我們現在已經可以用化學合成的方法組裝出一段 DNA 分子，或者動用天然存在的 DNA 複製機器——DNA 聚合酶——組裝 DNA 分子。在美國科學家克雷格・文特爾（Craig Venter）的實驗室裏，人們甚至已經可以合成一種微生物（絲狀支原體）的整套 DNA（見圖 2-1），並用這段長達 107 萬個核苷酸分子的環形 DNA 徹底替代了絲狀支原體原本的遺傳物質。這項成就被稱為「合成生命」的起點。而如果僅僅考慮合成 DNA 的長度，人類還可以走得更遠。例如，2017 年初，美國哥倫比亞大學的科學家人工合成了總長度達到 1,440 萬個核苷酸分子的 DNA 鏈，並且利用 DNA 編碼規則，在裏面存儲了一整套電腦操作系統和一部法國電影！

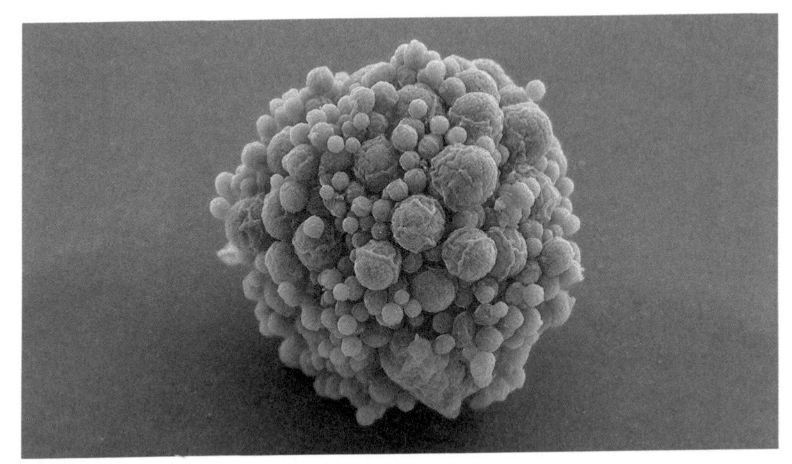

圖 2-1　合成生命 3.0（Syn 3.0）。文特爾和合作者人工合成了這種絲狀支原體的整套 DNA 分子，在精簡至 473 個基因後，用它徹底替換了細胞內原本的 DNA。在此 DNA 的指導下，全新的合成生命誕生了。

能在實驗室創造如此複雜的生命物質，那生命的本質就此得到解釋了嗎？並沒有。

儘管從尿素合成、米勒—尤里實驗到人造蛋白質和 DNA，人類製造複雜生命物質的能力得到了飛速提升，但這些進展並沒有真正幫助我們理解生命是甚麼以及生命從何而來的問題。

因為常識告訴我們，一大堆生命物質簡單地混在一起，並不會自然地變成生命。一瓶蛋白粉不會自己變成花花草草——即使混了 DNA 進去也不行。反過來，當生物死亡的時候，組成它的生命物質可能原封不動地保留下來了，但是生命現象卻仍然不可逆轉地消失了。換句話說，生命物質和生命現象之間一定存在着一條雖然不為人知、卻難以逾越的界限。

這條界限在哪裏呢？

為了說明這個問題，我們不妨先考慮一個相對簡單的情形。通過米勒－尤里實驗我們知道，在遠古地球的環境中，自發出現諸如氨基酸和核苷酸這樣的有機小分子應該並不是特別困難。但是根據上面的描述，在生物體中，大量的氨基酸和核苷酸要按照某種特定順序組裝成蛋白質和 DNA 分子才能發揮真正的生物學功能。只有這樣，蛋白質分子才能摺疊成三維的分子機器，推動生物化學反應的進行；也只有這樣，DNA 分子才能形成長鏈，存儲複雜的遺傳信息。因此我們可能更需要問的問題是：在遠古地球的環境裏，氨基酸和核苷酸分子自發連成長串，是不是件容易的事情？

不是。讓氨基酸和核苷酸單體分子組織在一起變成蛋白質和 DNA 鏈，是一件非常困難的事情。

我們可以從幾個不同的角度理解這種困難。首先是從能量角度。在地球生命的體內，把單個氨基酸串在一起形成蛋白質需要消耗很多能量。蛋白質是按照氨基酸順序進行裝配的，場面有點類似組裝汽車的流水線。每個氨基酸單體首先要被機械手抓取，然後準確地安放在上一個氨基酸的旁邊，最後組裝好的半成品蛋白質再沿着流水線向下移動一格，騰出空間，讓機械手裝配下一個氨基酸。粗略估計一下，一個細胞中 95% 的能量儲備都用來支持蛋白質組裝了！

其次是從信息角度。無論是蛋白質還是 DNA，牠們的組裝是有着嚴格的順序的。把一堆氨基酸或者核苷酸分子隨意地拼接在一起是沒有意義的，這樣組裝出來的蛋白質和 DNA 在絕大多數時候甚麼事情都幹不了。換句話說，如果你手裏有一堆氨基酸和核苷酸單體分子，每次抓一把丟進魔法師的禮帽裏讓他們隨機拼接，可能試到地球消失的那一天也拼不出生物學上有意義的蛋白質和 DNA 來，其難度大概和猴子隨機敲鍵盤打出莎士比亞的《哈姆雷特》差不多。

其實説到這裏，有些敏鋭的讀者可能會意識到，能量和信息説的其實是同一件事。按照我們這個世界運行的基本原理，從混亂（單個氨基酸和核苷酸的混合物）中產生秩序（氨基酸和核苷酸按照特定順序組裝起來），本身就是極其困難的事情。

依據熱力學第二定律（見圖 2-2），任何一個孤立系統的混亂程度——物理學家更喜歡用「熵」（entropy）這個物理量來表述——總是在增大的。通俗的解釋就是，如果無人管理，高樓大廈會被風雨侵蝕慢慢破敗，乃至傾頽成磚頭瓦礫；一個嶄新的玻璃杯在使用過程中會慢慢磨損劃傷，最終在一次意外中碎成玻璃碴。當然了，在混亂度持續增大的歷史潮流中也可以有浪花和逆流：猴子如果敲擊鍵盤足夠多次，也能湊巧一次拼出莎士比亞的劇本；給足時間和空間，物質顆粒在億萬次的隨機碰撞中，也完全可能偶然拼湊出生命現象來。但是這樣隨機誕生的生命一定是曇花一現的。在熱力學第二定律的指揮下，這座隨機誕生的生命大廈，也會像一座無人維護的高樓一樣，逐漸陳舊下去，直到牆皮剝落，窗欞朽壞，樑柱傾頽。

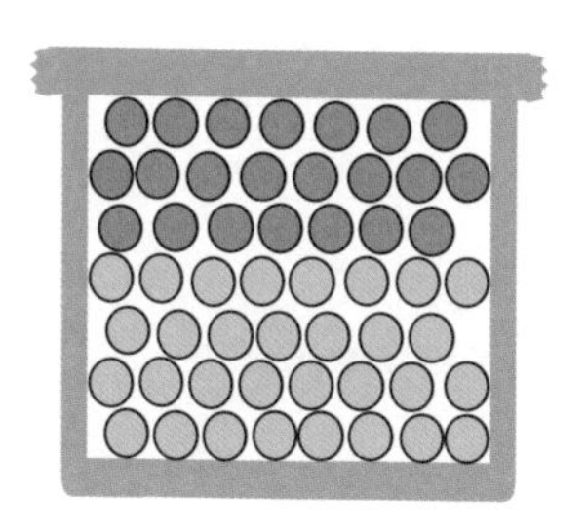
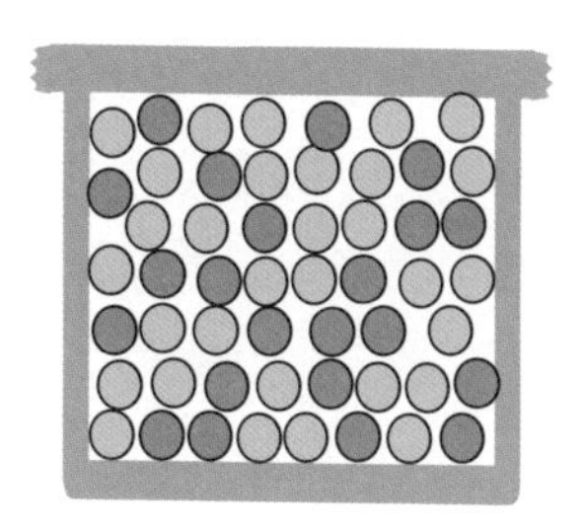

圖 2-2　熱力學第二定律的形象表達。一個封閉系統的混亂度（熵）總是不斷增大的，就像圖裏兩種顏色的球，即使在一開始涇渭分明一絲不亂，但是隨着時間推移，小球不斷地隨機運動，會逐漸趨向於混合均勻，最終達到最大的混亂度。下面是另外一個比喻：一個人隨手亂扔磚塊，這些磚塊湊巧變成一堵整整齊齊的牆的概率是極低的，在大多數情況下，它們會橫七豎八地亂堆一地。

以負熵為生

也許你會説：磚頭變成大廈有啥不可能的？我們完全可以想像有那麼一台「建築師」機械人，能夠按照預先存入的建築藍圖，有條不紊地搬運磚塊，攪拌水泥，上樑裝瓦，不就能蓋樓了嗎？雖然我們現在還造不出來這種機械人，但是理論上是非常可行的啊！今天很多工廠生產線上的機器臂，其實就已經在為我們這樣製造汽車、電冰箱等各種各樣的複雜玩意了。有了這樣一台機械人，不管是建新樓還是維護老樓，還不是手到擒來的事情嗎？

沒錯。熱力學第二定律確實給生命現象的穩定存在開了一個小小的口子。如果存在外界能量的注入，一個局部系統的混亂度確實也可以下降而不違反熱力學第二定律。這也正是薛定諤在《生命是甚麼》一書中的名言「有機體以負熵為生」。那麼，是甚麼能量驅動了這台建築師機械人工作，裝配出複雜的蛋白質和 DNA 分子，從無到有地修築起生命大廈呢？

當然了，在這個宇宙裏、這顆星球上並不缺乏能量。從一億五千萬公里外遠道而來的太陽光是取之不盡的能量來源。直到今天，全部地球生命所能利用的太陽能加在一起，也僅是抵達地球的太陽能總量的千分之一。在大洋底部，從岩石裂縫中噴湧而出的熱泉不光帶來了地球深處的熱量，也帶來了來自地底的化學物質：氫氣、硫化氫、甲烷、氨氣，等等。這些物質與周遭的海水迅速反應，也釋放出了大量的能量。

但是這些環境中的能量究竟是如何被生命現象所利用的呢？或者說，如果真的存在生命大廈建築師的話，它們是怎樣被這些環境中存在的能量所驅動，利用環境裏現成的磚頭瓦塊，建造生命大廈的呢？

20 世紀初，一群生物學家開始關注這個問題。他們關心的正是生物體內各種各樣的現象究竟是怎麼被驅動的。

他們首先關注的對象是動物肌肉的運動。這是一個非常自然的選擇，畢竟，沒有甚麼比肌肉強有力的伸縮更能直觀反映生命現象所需的能量來源了。

人們很快確認，肌肉收縮應該是某種化學反應驅動的。德國科學家奧托·邁爾霍夫（Otto Meyerhof）和阿奇博爾德·希爾（Archibald Hill）利用精密的化學測量方法證明，培養皿裏的青蛙肌肉纖維仍然可以利用葡萄糖作為能量進行持續收縮。在此過程中，葡萄糖分子被轉化成一種叫作乳酸的物質，就是那種能讓人在劇烈運動之後感覺肌肉痠痛的物質。

看起來，葡萄糖轉化為乳酸的化學反應過程似乎能夠釋放出生物體可以利用的能量來驅動肌肉收縮。更美妙的是，作為能量源頭的葡萄糖本身並不難得，動物完全可以從食物中獲取。要知道，在麵包、米飯、玉米、馬鈴薯裏，最不缺的就是由葡萄糖分子聚合而成的澱粉。

因此接下來的問題就清楚了：在葡萄糖轉化成乳酸的化學反應中，能量是怎樣釋放出來的，以甚麼形式存在，最終又是怎樣被轉移到各種生物過程（例如肌肉收縮）中去的呢？

到 20 世紀 40 年代，隨着人們開始了解各種各樣完全不同的生物過程——從青蛙肌肉的收縮到乳酸菌的呼吸作用——人們開始意識到，對於地球現存的所有生物來説，不管長相有多麼不同，不管是長在高山還是深海，不管是肉眼看不見的細菌還是體形巨大的動物植物，對能量的使用方法其實都是完全一樣的。

在生物體內，化學反應釋放的能量首先被用來合成一種叫作三磷酸腺苷（adenosine triphosphate，ATP，見圖 2-3）的分子。之後這種蘊含能量的分子再去驅動各式各樣的生物化學反應。通俗地説，ATP 就是地球生命通用的能量「貨幣」。

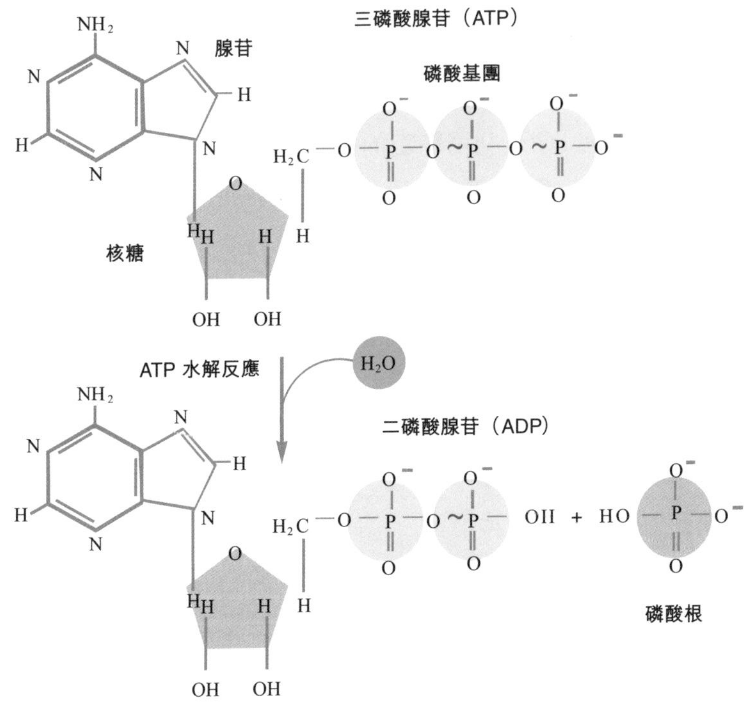

圖 2-3　ATP 的化學結構。它可以分解為 ADP 並釋放出能量。

之所以叫它「貨幣」，是因為這種物質和貨幣一樣，有一種奇妙的自我循環的屬性。我們知道，貨幣的價值是在流通中體現的：需要買東西的時候，我們用貨幣交換商品；需要貨幣的時候，我們再用勞動或者資產換取貨幣。在此過程裏，貨幣本身不會被消耗，只是在生產者和消費者之間無窮無盡地交流。和貨幣一樣，ATP 分子也不會被消耗，它只會在「高能量」和

「低能量」兩種狀態裏無休止地循環往復，為生命現象提供能量。實際上在人體中，每一個 ATP 分子每天都要經過兩三千次消費——生產的循環。當生命需要能量的時候，ATP 可以脱去一個磷酸基團，變成二磷酸腺苷（adenosine diphosphate，ADP，見圖 2-3），蘊含在分子內部的化學能就會被釋放出來。而反過來，當能量富餘的時候，ADP 也可以重新帶上一個磷酸基團，變回能量滿滿的 ATP。這個屬性是不是很像我們日常生活中使用的貨幣？

而我們當然也能立刻想到，貨幣的出現是人類經濟發展的重要里程碑。有了貨幣，我們就不需要總是拿山羊兑換斧頭，用穀物兑換獸皮了。我們可以把所有剩餘的貨物兑換成貨幣存儲起來，然後在需要的時候購買急需的貨物。

類似地，「能量貨幣」的出現也是生命演化歷史上的一次飛躍。有了通用的能量貨幣 ATP，地球生命就可以將環境中的各種能量——從太陽能、化學能，到來自食物的能量——兑換成 ATP 儲存起來，然後供給生命活動的各個環節了（見圖 2-4）。換句話説，ATP 大概就是生命大廈建築師所需的柴油和電力。只要再進一步，解釋一下地球生命到底是如何生產能量貨幣 ATP 的，生命大廈建築師的真相就清楚地揭示在我們眼前了。

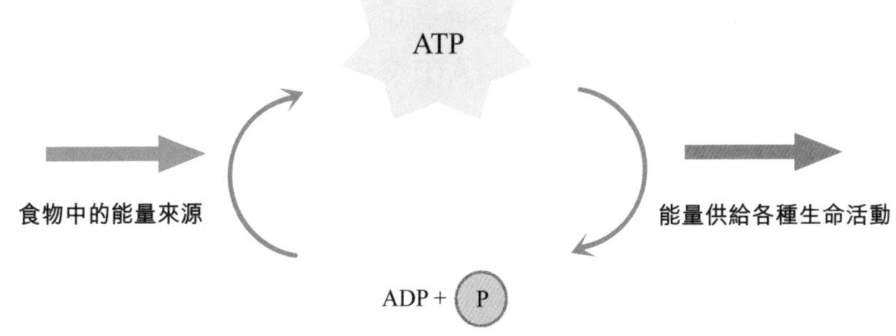

圖 2-4　所有現存地球生命的通用能量貨幣 ATP。ATP 的出現讓細胞中的能量轉移擺脱了「以物易物」的狀態，能夠以 ATP 為媒介，將來自外界的能量（太陽能、化學能、來自食物中營養物質的能量等）以 ATP 的形式暫時存儲起來，然後再用於各種生命必需的活動。有了 ATP，生命的能量來源和能量去向就可以在時空上分離開來。就像有了貨幣，我們就不需要在缺糧食的時候心急地牽一頭羊到市場上去了。

更讓所有人興奮的是，既然 ATP 是地球現今所有生命的通用能量貨幣，那麼一個順理成章的推測就是，地球生命的共同遠祖也一定是用 ATP 為自己提供能量的。既然如此，如果我們真的能夠解釋清楚 ATP 到底是怎麼被生物體生產出來的，也許就能夠猜測出，我們的祖先在大約 40 億年前最初在地球上出現的時候，到底是甚麼模樣的！

初看起來，情形確實是值得樂觀的。早在 20 世紀初，人們就已經知道在肌肉收縮的過程中，葡萄糖可以變成乳酸並釋放能量。後來人們意識到，這個過程其實和巴斯德研究過的啤酒變酸的過程是一回事：一個葡萄糖分子轉變成兩個乳酸分子，同時產生了兩個 ATP。也就是説，高等動物的肌肉細胞和會讓啤酒變質的微生物（後來知道是乳酸菌）居然共用了同一套 ATP 產生機制，而且這個機制是一個純粹的化學反應過程（見圖 2-5）。

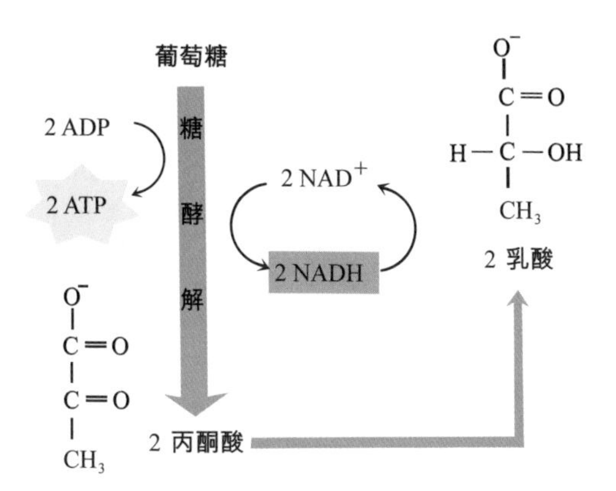

圖 2-5　肌肉細胞中的乳酸發酵過程。一個葡萄糖分子轉變為兩個乳酸分子，並產生兩個 ATP。在這個過程中，由於化學鍵的拆解組裝會固定地釋放出一些能量，這些能量又隨即用於能量貨幣 ATP 的生產，因此，這裏面的每一步都很精確也很「化學」。

之後，人們又陸續發現了更多產生 ATP 的化學反應過程。比如，巴斯德研究過的啤酒釀造，其實就是某些微生物（釀酒酵母）將一個葡萄糖分子轉化為兩個酒精加兩個二氧化碳，同時伴隨產生了兩個 ATP 分子的過程。自然界還有很多奇奇怪怪的微生物，甚至還能夠利用環境中的無機物（例如硫化氫和鐵離子）來生產 ATP。

因此這樣看來，為生命大廈的建築師找到能量來源似乎是水到渠成的事情了。無非是某些營養物質——可以是葡萄糖這樣的有機物，也可以是硫化氫這樣的無機物——通過化學反應釋放能量，合成 ATP，然後 ATP 再去為各種各樣的生物化學反應提供能量的過程嘛。

當然，實際情況要比這個解釋「稍微」複雜一點。就拿葡萄糖為例，它的潛力絕不僅僅是區區兩個 ATP 貨幣。在氧氣充足的條件下，一份葡萄糖分子能被徹底分解為二氧化碳和水。如果核算一下在此過程中化學鍵的變化，釋放出的能量理論上能生產多達 38 個 ATP 分子。也就是説，生物學家還需要解釋這多出來的 36 個 ATP 分子究竟是怎麼從葡萄糖裏變出來的，才算是完全揭示了生命現象的能量來源問題。

但是看起來無論如何，最終答案的揭曉似乎僅僅是個時間問題了。一個葡萄糖分解為乳酸或酒精能夠製造兩個 ATP，那麼無非是乳酸或酒精繼續分解成水和二氧化碳，在此過程中釋放能量製造剩下的 36 個 ATP 而已。我們完全可以設想這樣的化學反應過程：

葡萄糖→乳酸→ X + Y → Z + W →…→水 + 二氧化碳

在每一步反應中，化學鍵的拆裝釋放出的能量可以製造若干個 ATP 分子。那麼最終無非就是一個簡單的數學問題而已：只要每一步反應製造出的 ATP 分子數加起來等於 38 就可以了。

化學滲透：生命的微型水電站

結果這個看起來簡單的數字遊戲，讓生物學家從 20 世紀 40 年代一直忙活到 20 世紀 60 年代，竟然還是無從着手。

這個遊戲最讓人迷惑的地方在於，隨着實驗條件的變化，每個葡萄糖分子產生的 ATP 分子數量居然不是恒定的。發揮好的時候，能量傳遞得滴水不漏，每個葡萄糖分子都被徹底分解，可以製造出 38 個 ATP 貨幣，恰好等於理論估計的最大值。但是發揮不好的時候，能製造 30 個左右的 ATP 就算是幸運的了，低到 28 個也不稀奇。更要命的是，當大家試圖精確測量 ATP 的產出效率的時候，還經常發現這個數字居然不是整數，而是有整有零的！也就是説，在同樣一個反應體系裏，每個葡萄糖分子分解釋放能量的效率還可能不一樣！

這就太不可思議了。製造每一個 ATP 所需要的能量是清清楚楚的，在化學反應中，每一個化學鍵的拆開和組合所能釋放或者消耗的能量也是可以精確測量的。那麼按理説，在同樣的實驗條件下，一個葡萄糖能生產出的 ATP 數量難道不該是一個恒定的整數嗎？

生物學家當然不甘心在如此接近生命秘密的地方停下腳步。在那 20 年裏，他們嘗試了不計其數的解決方案，測量了無數次葡萄糖分解的化學反應常數。在解釋生命活動能量來源的「最後一公里」征程上，不知道留下了多少前仆後繼的生物學家的悲傷和無奈。

到最後，這個問題在 20 世紀 60 年代被一位天才科學家用一種匪夷所思的方式圓滿解決了。天才的名字叫彼得・米切爾（Peter Mitchell，見圖 2-6），而他提出的解決方案叫作化學滲透（chemiosmosis）。簡單來説，米切爾的宣言是，生物體製造 ATP 的過程根本就不是個化學問題！你們在化學鍵的拆裝裏尋找答案，壓根兒就是誤入歧途。

圖 2-6　彼得・米切爾

彼得・米切爾的一生就是一部傳奇。1920 年出生，家境富裕，受到了良好的精英教育。31 歲獲得博士學位，35 歲到愛丁堡大學任教，這一段人生旅途一帆風順。但是 1961 年他在 41 歲的時候發表了驚世駭俗的化學滲透理論，從此不見容於主流學術界，甚至不得不半被迫地在 1963 年辭去了教職，回到鄉下，把精力主要花在整修他的鄉間別墅上。而在 1965 年，不甘就此沉淪的他自掏腰包，在自己的鄉間別墅成立了一家徹底的民間科學機構——格萊恩研究所（Glynn Research Laboratories）——繼續為他的化學滲透理論尋求證明。在科學研究之外，米切爾還經常饒有興致地用他的化學滲透理論來解讀社會現象。1978 年，他的理論幫助他加冕諾貝爾化學獎，在演講中，他說了這麼一句意味深長的話：「偉大的馬克斯・普朗克説過，一個新的科學想法最終勝利，不是因為它説服了它的對手，而是因為它的對手最終都死了。我想他説錯了。」

這是一個遠在傳統生物學家想像力之外的全新世界。米切爾提供的解釋其實很像中學物理課本裏討論過的一個場景——水力發電站。在米切爾看來，生物利用營養物質兑換能量貨幣 ATP 的過程，其實就和人們利用水力發電的過程類似。

我們知道，一般來説，夜間的用電量總是要比白天小得多。

畢竟燈關了，廣播停了，大部份工廠也都下班了。因為供過於求，相比白天的電價，晚間用電總是要便宜不少。因此有些水電站就利用這個時間差來蓄能發電賺取差價：白天的時候，水電站開閘放水，水庫中高水位的蓄水飛流直下，帶動水力發電機渦輪旋轉，重力勢能轉化為電能。而到了晚上，水電站就利用比較便宜的電價反其道而行之：開動水泵，把低水位的水抽回壩內，將電能重新轉化成重力勢能，供白天發電使用。

在米切爾看來，辛辛苦苦地去尋找甚麼未知的化學反應，壓根兒就走錯了方向！製造 ATP 的過程和電站蓄能發電的原理是一樣的。電站蓄能發電可以分成兩步，首先是晚間用電抽水蓄能，然後是白天開閘放水發電。而在生命體內也是一樣分成兩步，只不過能量的存儲形式不是電而是 ATP；往復流動產生能量的不是水而是某些帶電荷的離子（特別是氫離子）；築起大壩的不是鋼筋混凝土而是薄薄的一層細胞膜；水壩上安裝的水力發電機不是傻大黑粗的鋼鐵怪物，而是一個能夠讓帶電離子流動產生 ATP 的蛋白質機器罷了。

這個過程可以簡單地描述為：首先，生命體利用營養物質（特別是葡萄糖）的分解產生能量，能量驅動帶正電荷的氫離子穿過細胞膜蓄積起來，逐漸積累起電化學勢能。之後，在生命活動需要能量的時候，高濃度的氫離子通過細胞膜上的蛋白質機器反方向流出，驅動其轉動產生 ATP。

1961 年，米切爾在著名的《自然》雜誌發表了這個奇特的理論。可是他的整篇文章除了猜測和推斷之外，沒有給出任何實驗數據的支持。生物學家的反應可想而知——水電站？蓄能發電？請問你，你說的水泵是甚麼？你說的發電機又長甚麼樣子？你不是還說水壩？有水壩就有水位差，你給我展示一下看看！被群起而攻之的米切爾甚至一度被逼得在學術界待不下去，只好辭職回家侍弄花草，還順手整修了家鄉的一座鄉間別墅。

但是和古往今來那些命運悲慘的政治異類、宗教異類、文藝異類不一樣，科學探索有一個亙古不變的原則保護了米切爾這個科學異類。這個原則就是，再大牌的權威、再傳統的主張、再符合直覺的世界觀，都必須符合實驗觀測的結果，否則沒有力量救得了它。

很快，大家開始意識到米切爾這個離經叛道的假說的價值了。

就像米切爾的微型水電站模型所預測的那樣，人們發現，在動物細胞的能量工廠——一種叫作線粒體（mitochondrion）的微型細胞機器中，確實存在極高的氫離子濃度差。跨越線粒體內層膜，僅僅幾納米的距離跨度就有上百毫伏的氫離子濃度差，這個差別堪比雷雨雲和地面之間的電荷差別。這個發現開始動搖部份反對者的信心：因為除了米切爾理論中的假想水壩，實在難以想像細胞為甚麼需要小心翼翼地維持如此危險的高電壓。

與此同時，在米切爾的模型裏，葡萄糖飄忽不定的 ATP 生產效率壓根兒就不再是個問題了。要知道，抽水蓄能和開閘發電，本質上是完全獨立的兩件事。抽水蓄能之後，到底開不開閘、開多久、放多少水、發多少電，那都是水電站可以自由決定的事情了。如果當天需求大，電價高，就多放一點水來發電；

否則就少放一點，等過幾天再說。細胞內的微型水電站也可以根據細胞內的能量需求來決定生產 ATP 的效率。28 至 38，這組讓生物化學家無比抓狂的數字，就這麼輕鬆地得到了解釋！

而最具決定性的證據也許是米切爾推測的那台水力發電機——這個一開始被錯誤地命名為「ATP 酶」，後來一般被稱作「ATP 合成酶」的蛋白質——在 1994 年終於露出了廬山真面目。這一年，米切爾的英國同行約翰·沃克（John Walker）利用 X 射線衍射技術看清了 ATP 酶的真實結構（見圖 2-7），它甚至比人們最激進最科幻的想像還要美！這個微型蛋白機器的功能和外表都酷似一台真正的水力發電機。它的核心部份是由

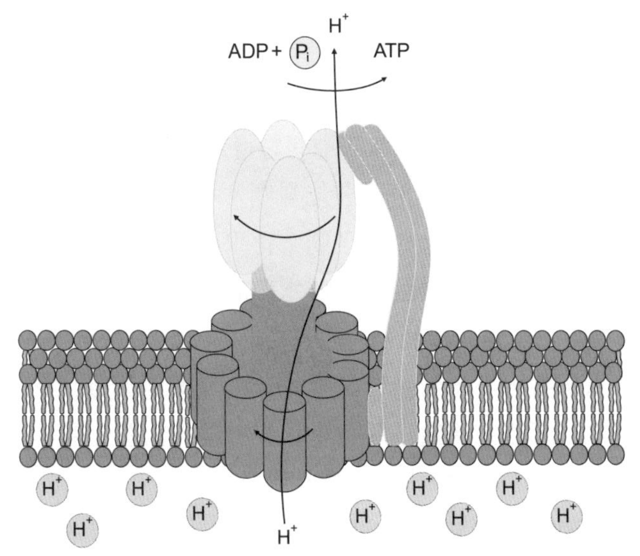

圖 2-7　ATP 合成酶的工作原理示意圖。氫離子穿過孔道流動，推動齒輪的三片「葉片」依次變形，每一次變形都可以生產出一個 ATP 貨幣。這個模型來源於 ATP 合成酶的三維結構。因為這個結構，沃克獲得了 1997 年的諾貝爾化學獎。

三個葉片均勻張開構成的「齒輪」，這個齒輪和一個細管相連。當高濃度的氫離子洶湧通過細管時，就會帶動葉片以每秒鐘上百次的速度高速旋轉，從而生產出一個個 ATP 分子來。

這可能是對人類智慧毫無保留的獎掖：看吧，根據幾百年間積累的經典力學和電磁學知識，人類設計出了水力發電機，而它居然和大自然幾十億年的鬼斧神工不謀而合。

這當然也可以看作對生命奇蹟的禮讚：不需要設計藍圖，不需要人類智慧，在原始地球的某個角落，居然誕生了讓人嘆為觀止的偉大「工業」設計！

生命來自熱泉口

至此，生命大廈的能量來源問題得到了圓滿的解決。

不是説建造生命大廈需要能量嗎？不是説磚塊已經齊備，就差動員建築師來建造大廈了嗎？化學滲透理論指出，這一切其實沒那麼複雜。只要給我一座水壩和一套發電機就可以了。這座水壩可以非常粗糙簡易，只需要能夠部份地隔絕物質流動，從而像水壩蓄水那樣保持住某種物質的濃度差就行。有了穩定的濃度差，就能夠穩定地蓄積電化學勢能；而電化學勢能就可以驅動發電機，為生命大廈的建築師供應能量。

除了為生命大廈提供能量，化學滲透理論其實還有着更深遠的意義。

我們不妨先暫時停下來問自己一個問題：地球生命為甚麼

要用化學滲透這種方法來製造能量貨幣？

我們知道化學反應是可以產生 ATP 的，而且葡萄糖分解為乳酸、產生 ATP 的化學反應普遍存在於各種生物體內。那麼地球生命為甚麼不遵循這種更穩妥、更精確的思路，在葡萄糖一步步分解的化學反應中獲取能量，製造 ATP ？或者我們也可以反過來問這個問題。既然已經有了利用化學反應製造 ATP 分子的方法，今天的地球生命為甚麼仍然不約而同地繼續選擇借助氫離子濃度差生產 ATP ？

這個問題目前還沒有一錘定音的答案。但是近來的一些研究提供了一些很有説服力的視角。

比如存在這樣一個可能性：首先積累氫離子濃度，然後再利用氫離子的流動衝擊 ATP 合成酶，這種看起來異常精巧的策略，可能反而是地球生命最早最原始的能量來源。2016 年，德國杜塞爾多夫大學的科學家威廉・馬丁（William Martin）分析了現存地球生物六百多萬個基因的 DNA 序列，從中確認有 355 個基因廣泛存在於全部主要的生物門類中。根據這項研究，馬丁推測，這 355 個基因應該同樣存在於現在地球生物的最後共同祖先（last universal common ancestor，LUCA，見圖 2-8）體內，並且因為它們有着極端重要的生物學功能，從而得以跨越接近四十億年的光陰一直保存至今。在這 355 個基因裏，赫然便有 ATP 合成酶基因的身影。與之相反，在現存地球生物體內負責驅動其他 ATP 合成途徑的酶，例如催化葡萄糖分解為乳酸或酒精從而製造 ATP 的那些蛋白質，卻不見蹤影。

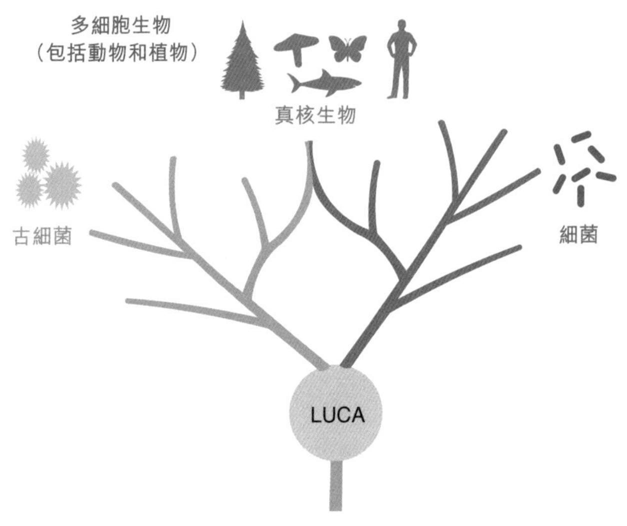

圖 2-8　LUCA。它並不一定是地球上最早出現的生物，但是現今地球所有生物（動物、植物、細菌、古細菌等）都是它的子孫後代。嚴格來說，LUCA 是一種生物學家假想出的生物，在今天的地球上無跡可尋。但是根據現存物種的基因組信息比較結果，人們可以推測 LUCA 大致生活在距今 38 億年至 35 億年前，嗜熱厭氧。

這就很有意思了，根據這個推論，地球生命的最初祖先已經掌握了利用氫離子濃度差製造 ATP 的能力。但是需要注意，祖先似乎沒有掌握製造氫離子濃度的能力，因為在這 355 個基因裏，並沒有找到能夠將氫離子從低水位泵向高水位的酶。也就是說，祖先只能被動地利用環境中現成的氫離子濃度差。

我們可以想到的是，在一個穩定的環境中是不可能存在甚麼穩定的氫離子濃度差的。其實在這樣的環境裏，任何物質都會逐漸混合均勻，就像在一杯水中滴入紅藍墨水，過不了多久水的顏色就會變成均勻的紫色。那麼在遠古地球環境裏，怎麼可能存在現成的氫離子濃度差呢？

答案也許來自深海。

2000 年末，科學家在研究大西洋中部的海底山脈時，偶然發現了一片密集的熱泉噴口（見圖 2-9）。這片被命名為「失落之城」（Lost City）的熱泉與已知的所有海底火山不同，它噴射出的不是高溫岩漿，而是攝氏 40 ～ 90 度的、富含甲烷和氫氣的鹼性液體。而鹼性熱泉能夠提供幾乎永不衰竭的氫離子濃度差！遠古海洋的海水中溶解了大量的二氧化碳，應該是強酸性的。因此當鹼性熱泉湧出「煙囪」口，和酸性海洋相遇的時候，在兩者接觸的界面上，就會存在懸殊的酸鹼性差異。而酸鹼性差異，其實就是氫離子濃度差異。

圖 2-9　深海「白煙囪」。在海底深處地殼構造薄弱而火山活動多發的地帶，海水滲入地下，被地球深處的熱量加熱後重新噴薄而出，就形成了海底的熱泉。這些熱泉攜帶着光和熱，以及大量的礦物質。曾經這些高溫高壓的地帶被視作生命禁區，然而人們後來發現，海底熱泉附近往往有活躍的生物群體出現。

更奇妙的是，人們還發現，熱泉煙囪口的岩石就像一大塊海綿，其中佈滿了直徑僅有幾微米的微型空洞。因此在2012年，馬丁和英國倫敦大學學院的尼克·連恩（Nick Lane）提出過一個很有意思的假說。他們認為，這些像海綿一樣的岩石，其實可以作為原始水壩，維持氫離子濃度差。這樣一來，化學滲透和生命起源兩件看起來風馬牛不相及的事情，居然有可能是緊密聯繫在一起的！

也許在遠古地球上，正是在鹼性熱泉口的岩石孔洞中，氫離子穿過原始水壩的流淌，為生命的出現提供了最早的生物能源。我們的祖先正是利用這樣的能源組裝蛋白質和 DNA 分子，建造了更堅固的水壩蓄積氫離子，繁衍生息，最終在這顆星球的每個角落開枝散葉。換句話說，其實不是今天的地球生命不約而同地選擇了化學滲透，反而是化學滲透催生了地球生命的出現。

而當我們的祖先掌握了利用化學滲透製造能量的技能之後，他們也就同時掌握了遠離熱泉口這塊溫暖襁褓的能力——因為祖先已經不再需要現成的氫離子濃度差和天然的岩石水壩來製造能量了。此時的他們擁有了能夠運輸氫離子的水泵，能夠穩定儲存氫離子的水壩，能夠製造 ATP 的水力發電機，甚至還能將能量儲存在諸如葡萄糖這樣的營養物質中長期備用。

三四十億年彈指一揮間，當今天的地球人類在飽餐一頓之後出門上班、穿上跑鞋開始運動、坐上飛船飛向茫茫太空的時候，在幕後默默支持我們的，仍舊是氫離子永不停歇的流淌和化學滲透閃爍的永恒光輝。

第 3 章

自我複製：基業長青的秘密

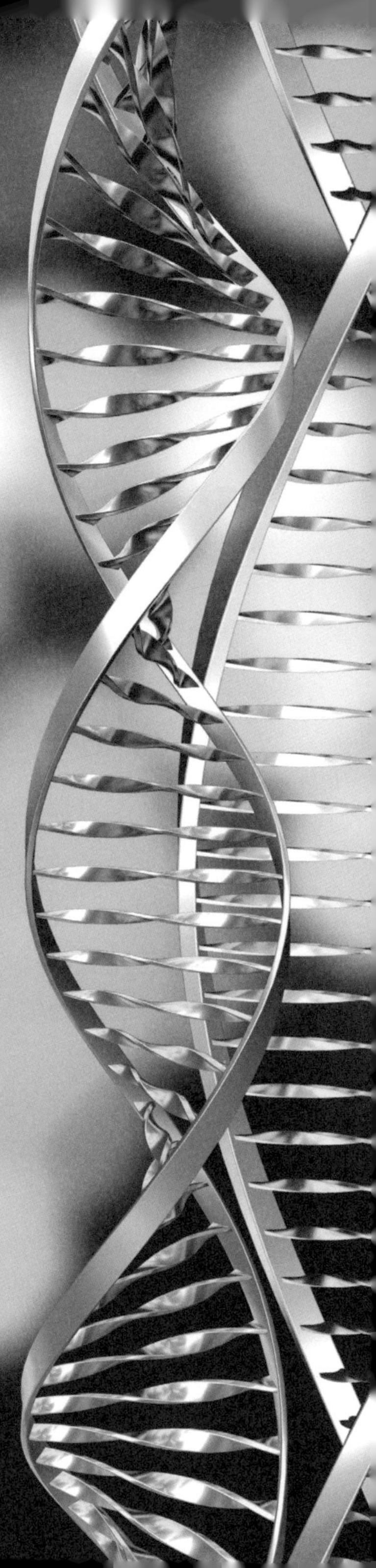

磚頭瓦塊已經齊備，建築師也已經充滿能量，隨時準備不辭辛苦地修建起輝煌壯麗的生命大廈，但是對於任何一種能夠抗拒億萬年風霜摧殘、在地球上生存和繁盛的生命來說，僅僅有這些還遠遠不夠。

原因很容易理解：這座大廈太脆弱了。

萬一一場地震或者火災毀掉了唯一的大廈怎麼辦？萬一大廈的基礎被螻蟻鬆動，或者一場颱風捲走了大廈的頂層呢？要知道，概率再小的意外，放在幾十億年的時間尺度中，都會變得實實在在起來。也就是説，僅僅由能量驅動建立起來的生命大廈，即使真的在遠古地球上出現過，恐怕也早在漫長的時光裏毀於意外事故了，那麼今天的地球人類估計就沒有緣份看到這樣的生命了。

更要命的原因還不在這裏，而在於地球環境不是永恒不變的！在我們每個人幾十年的生命中，我們也許可以安心期待日復一日的日升日落、年復一年的春夏秋冬。當然，這一切還得期待全球氣候變化不會帶來災難性的後果。但是如果把時間尺度放大到生命演化的尺度——幾千萬年到幾十億年，我們就會發現，地球環境的變化劇烈得遠非「滄海桑田」幾個字所能概括。

舉一個我們可能會熟視無睹的例子吧：氧氣。人類生存需要氧氣，這是因為在人體中，能量貨幣 ATP 的生產過程嚴重依賴氧氣。這一點我們已經討論過，在氧氣缺乏的環境下（例如肌肉持續收縮時），一個葡萄糖分子分解成兩個乳酸分子，僅僅能產生兩個 ATP 分子。而在氧氣的幫助下，葡萄糖分子可以徹底分解為二氧化碳和水。這個過程中所釋放的能量，通過驅動細胞內的微型水電站——ATP 合成酶，可以製造出多達 28 至 38 個 ATP 分子。因此，如果沒有氧氣，人體將無法進行永不停歇的生命活動——從心臟跳動、游泳跑步，到思維和語言。實際上，人體對氧氣濃度的適應區間是非常狹窄的。在海拔四五公里的青藏高原，氧氣濃度下降到 10% 多一點，人體就會出現缺氧的症狀。反過來，如果吸入的氧氣濃度過大，人體就會出現所謂的「氧中毒」現象，神經系統、肺和眼球都會受到嚴重損傷。同樣的例子還有溫度。人體適宜的環境溫度在攝氏 25 度上下浮動。如果人體長期處於攝氏 40 度以上的環境中，很容易引起中暑死亡；處於低溫環境下也不行，人在攝氏 5 度的海水裏只能活個把小時。

特別是，如果考慮更長的時間尺度的話，我們會發現，在億萬年的生物演化歷史上，能夠滿足人體生存環境要求的時間段實在是太狹窄了！在過去六億年的時間裏，大氣氧含量可能在 5% 到 35% 之間反覆劇烈波動，平均氣溫的變化範圍是攝氏 10 至 40 度（作為參照，如今地球的平均氣溫大約是攝氏 15 度）。請注意，這裏我們僅僅考慮了過去六億年，並且只考慮了氧氣濃度和氣溫兩個環境指標。如果把時間尺度擴大到整個地球生命史，再考慮到太陽光強度、晝夜長短、大氣組成、土壤的化學成份、食物和天敵等複雜的環境因素，就會得到一個不言而喻的結論——在翻臉無情的地球母親的懷抱裏，沒有哪個生命可以做到永遠左右逢源。

如果生命真的是一座大廈，那麼不管修建的時候用了多麼堅固耐用的磚瓦，在建成時是多麼輝煌壯麗，考慮到它一會兒會在陽光下暴曬，一會兒淹沒在傾盆大雨中，一會兒又要被堅冰覆蓋，時而被螻蟻侵蝕，時而受猛獸衝撞，時而遭受流星雨和地震的摧折，它絕不可能永遠基業長青。

一個顯而易見的悖論出現了。誕生於遠古地球的始祖生命——那些由能量這個天才建築師建立的生命大廈——是如何逃開了無可避免的意外事故和難以抗拒的滄桑巨變，綿延不絕一直到今天的？

答案其實很簡單：自我複製。

自我複製是地球生命基業長青的基礎——以自身為樣本，不停地製造出和自己相似但又不完全一樣的子孫後代。

後代越來越多，就保證了即使其中一些因為意外事故——不管是颱風、地震還是螻蟻——死去，還有足夠的個體能存活下來延續香火。

而更重要的是，（不夠精確的）自我複製為生命現象引入了變化。這種變化大多數時候難以察覺，比如生命大廈悄悄更換了天井的綠植或是大堂的燈飾。但有些時候也可以驚天動地，整座大廈的樓高、外飾面乃至主幹結構都煥然一新。但是無論如何，在自我複製過程中產生的變化，總是快過地球環境動輒以千萬年計數的變化。也正因為這樣，地球上的生命來了又走，樣貌也千變萬化——科學家的估計是，在這顆星球上，可能已經有超過 50 億個物種誕生、繁盛，然後靜悄悄地死去——但是生命現象本身卻頑強地走過了 40 億年的風霜雨雪。

當然，在自我複製中出現的這些不怎麼引人矚目的細微變化，本身談不上甚麼對錯，也沒有甚麼方向性可言。不夠精確的自我複製，其實是提供了大量在地球環境中「試錯」的生物樣品。誰能活下來，誰能繼續完成新一輪自我複製，誰就是勝利者。是地球環境的緩慢變遷決定了不同時刻的勝利者，也因此最終塑造了生物演化的路徑。

比如，我們剛才說到從六億年前到今天，大氣中氧氣的含量始終在上下波動。但是如果時間尺度放得更寬，我們會發現氧氣甚至壓根兒就不是地球上從來就有的大氣成份。在 46 億年前地球形成的時候，大氣的主要成份是二氧化碳、氮氣、二氧化硫和硫化氫。直到差不多 25 億年前，第一批能夠利用陽光的細菌出現在原始海洋中，利用太陽光的能量分解大氣中的二氧化碳，並以其中的碳原子為食，這才製造出了氧氣。對於今天的地球生命無比重要的氧氣，其實在當時只是某些生命活動的副產品。更可怕的是，這種全新的化學物質還毒死了當時地球上幾乎所有的生物！但是與此同時，災難性的「大氧化」事件卻為未來那些以氧氣為生、更複雜多樣的生命開啟了繁盛的大門，受益者包括海藻、樹木、魚和人類。那些能夠在無氧大氣裏生息繁盛的生命和那些在氧氣中自在生活的生命，並無高下之別，僅僅是由於地球環境的變化讓前者死去、後者存活罷了。

因此，自我複製的兩個看起來似乎自相矛盾的特點保證了地球生命的永續。對自身的不斷複製保證了生命不會因一場意外而徹底毀滅，而自我複製過程中出現的錯誤，則幫助生命適應了地球環境的變化。

那麼，自我複製又是怎麼發生的呢？

思想實驗中的生命演化史

我們不妨先做一個思想實驗，構造一個極端簡化的生命，探討一下生命自我複製的原理。

從最簡單的情形開始，我們思想實驗中的生命——就叫它生命 1.0 吧——只有一個蛋白質分子。從前面的故事裏，大家可以很容易想像，最有資格入選的蛋白質大概就是為生命製造能量貨幣的 ATP 合成酶了。這個古老的蛋白質分子尺寸很小，僅有幾納米那麼大，卻蜷曲摺疊成一個複雜的、帶有三個葉片和一個管道的三維結構，通過飛速旋轉不停地生產 ATP。有了它，生命 1.0 就可以製造 ATP 分子，然後用 ATP 來驅動各種生命活動了。

但是生命 1.0 是難以實現自我複製的。從前一章中我們知道，ATP 合成酶有一個極端精巧和複雜的三維立體結構，每個維度上原子排列的精確度達到零點幾納米的水平。且不説想要分毫不差地複製一個這樣的結構非常困難，即使是想要看得清楚一點都不容易。在今天人類的技術水平下，要看清楚 ATP 合成酶的每一個原子，需要動用最強大的 X 射線衍射儀和電子顯微鏡，而想要複製出這樣一個結構，還是科幻想像的範疇。

我們大概可以説，要想一絲不苟地複製生命 1.0，可能需要一架比生命 1.0 體形更龐大、更加複雜和精密的機器才做得到。可是在剛剛出現生命 1.0 的遠古地球上，又去哪裏找這樣的複雜機器呢？難以自我複製的生命 1.0 注定要孤獨一生——而且它的一生一定非常短暫。

為了解決自我複製的技術困難，生命體顯然需要一種方法，能更簡單精確地記錄和複製自身，不要讓我們瞪大眼睛去記錄和複製一個複雜三維結構的每一點空間信息。這樣太煩瑣，也太容易出錯了。

於是，生命 2.0 應運而生。人體中的 ATP 合成酶是由五千多個氨基酸分子按照某種特定順序串起來形成的蛋白質大分子。在三維空間中，這些氨基酸彼此吸引、排斥、碰撞、結合，形成了複雜、動態的三維結構。那麼可想而知，只要我們能記錄下這五千多個氨基酸分子的先後順序，然後依樣畫葫蘆地依照這個順序去組裝 ATP 合成酶分子就行了，它可以自己完成在三維空間的摺疊扭曲。這樣一來，三維空間的信息就被精簡成了一維，只是一組順序排列的氨基酸分子而已。

在今天的絕大多數地球生命中，三維到一維的信息簡化是通過 DNA 分子實現的。DNA 分子的化學構成其實非常簡單，就是由四種長相平凡的核苷酸分子環環相扣串起來的一條長長的鏈條。它的秘密隱藏在四種核苷酸分子的排列組合順序中（見圖 3-1）。在今天的地球生命體內，DNA 長鏈按照三個核苷酸的排列順序決定一個氨基酸的原則，能夠忠實記錄任何蛋白質分子的氨基酸構成——當然也包括生命 1.0 中的 ATP 合成酶。

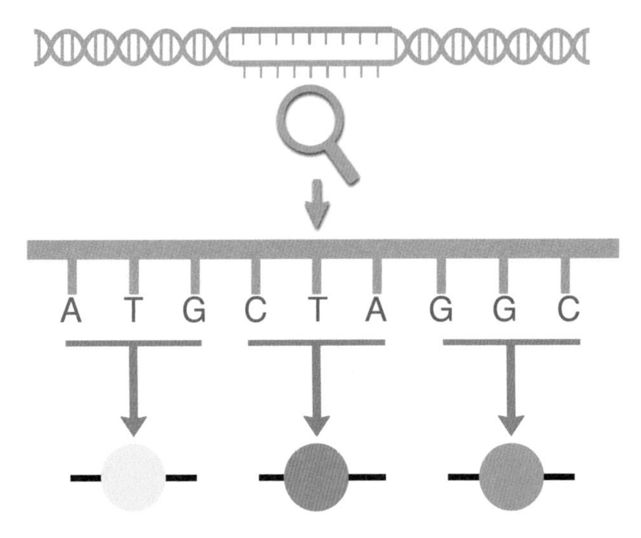

圖 3-1　三個鹼基密碼子對應一個氨基酸。在今天絕大多數的地球生命中，DNA 鏈上的核苷酸分子會按照三三一組形成「密碼子」，每組密碼子對應一種氨基酸。

這樣一來，生命 2.0 在自我複製的時候，就不需要擔心複雜的 ATP 合成酶蛋白無法精細描摹和複製了。它只需要依樣畫葫蘆地複製一條 DNA 長鏈就行了，因為 DNA 長鏈本身的組合順序就已經忠實記錄了 ATP 合成酶的全部信息（見圖 3-2）。而與此同時，我們可以想像，複製一條可以看成是一維的 DNA 長鏈，要比直接複製 ATP 合成酶的精細三維結構省心省力得多。

在 20 世紀 50 年代，詹姆斯 · 沃森（James Watson）和弗朗西斯 · 克里克（Francis Crick）利用羅莎琳 · 富蘭克林（Rosalind Franklin）獲得的 X 射線衍射圖譜，建立了 DNA 的雙螺旋模型，並且幾乎立刻猜測到了 DNA 是如何進行自我複製

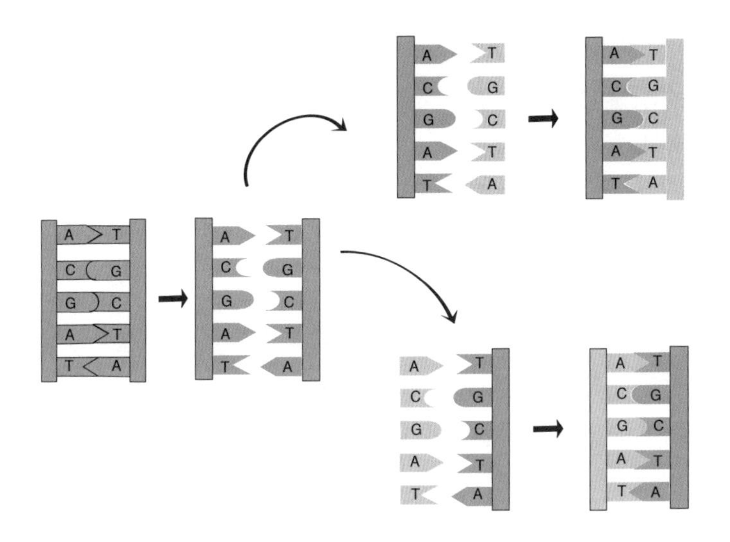

圖 3-2　DNA 的複製模型。首先，一條 DNA 雙螺旋鏈一分為二；隨後，兩條 DNA 單鏈分別作為模板，與新加入的鹼基分子配對，形成兩條新 DNA 雙螺旋。

的。簡單來說，DNA 複製遵循的是「半保留複製」的機制。就像蛋白質是由 20 種氨基酸磚塊組合而成的，DNA 也有它獨有的磚塊：四種不同的核苷酸分子（可以簡單地用 A、T、G、C 四個字母指代）。每條 DNA 鏈條都是由這四種磚塊首尾相連組成的。特別重要的是，ATGC 四種分子能夠兩兩配對形成緊密的連接：A 和 T，G 和 C。因此可以想像，一條順序為 AATG 的 DNA 可以和一條 CATT 的 DNA 首尾相對地配對組合纏繞在一起。這樣的配對方法特別適合 DNA 密碼的自我複製：AATG 和 CATT 兩條纏繞在一起的鏈條首先分離開來，兩條單鏈再根據配對原則安裝上全新的核苷酸分子，例如 AATG 對應 CATT，而 CATT 則裝配了 AATG，由此一個 DNA 雙螺旋就變成了完全一樣的兩個 DNA 雙螺旋。特別值得指出的是，DNA 的複製過程異常精確，在人體細胞中，DNA 複製出錯的概率僅有 10 的 9 次方分之一。這就從原理上保證了它可以作為生命遺傳信息的可靠載體。

那麼，簡單而強大的生命 2.0 能否穩定地生存和繁衍呢？

很遺憾，還是不行。事實上它根本就不可能存在。DNA 是一種化學上非常穩定的分子——這並不奇怪，能被選中作為信息密碼本的化學分子當然必須穩定和可靠，甚至是懶惰。也正因此，一根光禿禿的 DNA 長鏈根本就甚麼都不會幹，它既不可能自我複製，也不可能製造出甚麼 ATP 合成酶來。就像一本寫滿了字母的密碼本，要是沒有人抄寫，沒有人解讀，它自己甚麼也做不了。

好吧，不氣餒的我們繼續升級出了生命 3.0。這次，我們需要的東西就多了許多。除了負責製造能量貨幣的 ATP 合成酶之外，生命 3.0 還需要一大堆各種各樣的蛋白質分子，來實現 DNA 分子的自我複製，利用 DNA 分子攜帶的信息製造各種新的蛋白質。

單單說 DNA 複製就已經非常複雜了。生命 3.0 需要蛋白質分子幫忙把高度摺疊的 DNA 展開變成長鏈（就拿人的 DNA 來說，完全伸展開來長達數米，所以必須經過幾輪摺疊包裝，才能塞進直徑僅有幾微米的細胞裏，僅僅在使用時才部份展開），需要蛋白質分子在 DNA 長鏈上精確定位到底從哪裏開始複製，需要蛋白質分子運送 DNA 複製所需的原材料（比如四種核苷酸分子），需要蛋白質分子填補複製當中的缺口，修正複製過程中出現的錯誤，還需要蛋白質分子將複製好的 DNA 長鏈重新摺疊回去。

同時，生命 3.0 還需要一大堆蛋白質分子（見圖 3-3），根據 DNA 密碼本的信息製造 ATP 合成酶——有的負責讀取 DNA 密碼本的信息，有的負責搬運蛋白質的原料氨基酸，有的負責氨基酸的裝配順序，等等。當然了，再多的蛋白質分子也難不倒我們，我們可以利用在生命 2.0 中就確定的規則，把它們的信息也寫入 DNA 長鏈中去，這樣仍然是複製一條 DNA 長鏈，生命 3.0 就可以把所有蛋白質分子的信息都忠實地複製和傳遞下去了。

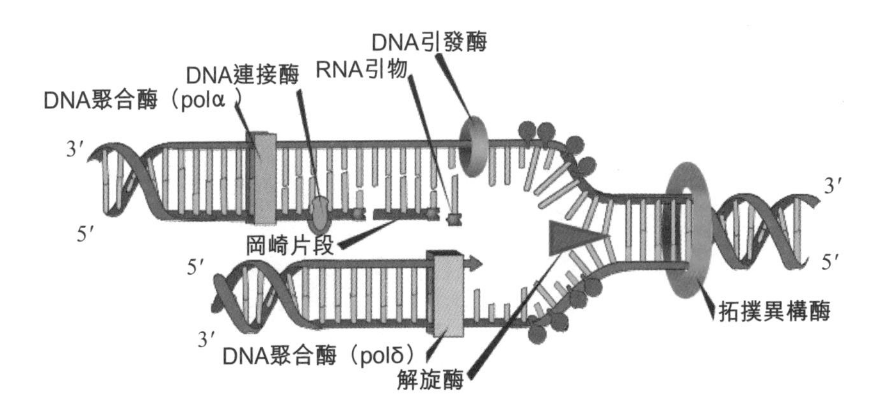

圖 3-3　DNA 複製所需的蛋白質。圖中僅僅呈現了極小的一部份，但我們已經可以看到，DNA 複製是一個需要大量蛋白質幫手參與的精細過程。DNA 雙鏈首先會在拓撲異構酶和解旋酶的幫助下分解成單鏈。隨後，不同的 DNA 聚合酶分別負責兩個方向的 DNA 複製，複製完成的短片段還要在連接酶的幫助下連成長片段。

生命 3.0 的命運如何？

我們已經很接近成功了，但是還差重要的一點點。

根據前面的描述，大家就能猜想到，蛋白質分子和 DNA 長鏈，對於生命的生存和複製來說，是相輔相成缺一不可的。前者的製造依賴於後者保存的信息，而後者也依賴前者完成自我複製，因此空間上牠們必須離得足夠近才行。我們必須想出一個辦法，把這些東西統統聚攏到一起，保護起來。否則，蛋白質和 DNA 都很容易在自然環境中擴散得無影無蹤，誰也找不到誰。

解決方案倒也不難想，用一張緻密的網把所有這些林林總總的蛋白質和 DNA 都給包裹起來就行了。在今天的地球生命中也有這張網，名字叫作細胞膜，是一層僅有幾納米厚度、由脂肪分子構成的薄膜。這層薄膜緊緊地包裹住了蛋白質和 DNA，形成了一個細胞，把牠們和危險的自然環境隔絕開來。在今天的地球生命裏，除了少數例外（比如病毒），絕大多數生命都是由一個或者多個細胞組成的。

這次，就叫它生命 4.0 吧。

目前，生命 4.0 已經有點極簡版地球生命的樣子了。我們權且相信它能夠在地球上生存下來，因為它能夠不斷地從環境中攫取能量供給生命活動，也能不停地自我複製對抗衰退和死亡。實際上，今天的地球生命儘管比我們思想實驗中的生命 4.0 要複雜得多，但是從基本原理上看，確實相差無幾。

但是新的問題來了：這個看起來靠譜的生命 4.0，真的有可能在 40 億年前魔法般地出現在地球上嗎？換句話說，生命 4.0

的構想固然有它的內在邏輯，但它真的有可能模擬了地球生命的最初起源嗎？

很遺憾，答案是不可能。或者，至少看起來非常不可能。

其中的麻煩有點像「雞生蛋還是蛋生雞」的問題。蛋白質的全部信息都存儲在 DNA 密碼本中，依靠 DNA 密碼本中忠實記錄的信息，我們能夠製造出各種各樣的蛋白質分子。因此，讓我們權且假定 DNA 是「雞」，蛋白質是它下的「蛋」。

但是，一條孤零零的 DNA 長鏈是沒有辦法幹任何事情的，它需要各種蛋白質分子的幫忙，才能實現自我複製，需要依賴蛋白質的幫忙才能製造出新的蛋白質。如果沒有提前準備好蛋白質「蛋」，DNA「雞」根本沒法繼續生「蛋」！

換句話説，我們設計的生命 4.0 想要自發出現，我們得不斷祈求大自然同時造就信息互相匹配的「雞」和「蛋」。而且，「雞」和「蛋」還必須幾乎同時出現，距離無比接近，才有可能配合起來造就生命。要是在一陣電閃雷鳴中，一隻 DNA「雞」被創造了出來，但是它附近卻沒有那隻冥冥中注定屬它的蛋白質「蛋」，那麼這隻 DNA「雞」只能沉默着走向分解破碎，因為它自己甚麼也做不了。而反過來，要是那個蛋白質「蛋」率先在海底的熱泉口奇蹟現身，甚至還能工作一下或生存一會兒，但是因為沒有 DNA「雞」幫它保留和傳遞信息，「蛋」必然也會快速走向衰退和死亡。

那怎麼辦？地球生命對這個問題的回答是非常耐人尋味的：既不是先有蛋，也不是先有雞。事實上，很可能在生命剛剛出現的時候，雞和蛋都還沒有蹤影呢。

不是雞不是蛋，既是雞又是蛋

讓我們再回顧一下生命 4.0 的基本設計原則吧。DNA 負責記錄蛋白質分子的氨基酸排列信息，以 DNA 序列為模板可以製造出各式各樣的蛋白質分子。而反過來，蛋白質分子除了製造能量，還可以幫助 DNA 實現自我複製。這好像是個挺簡單的二元系統，是不是？

在自然界，簡單往往意味着高效、節約和更容易自發地出現。但是很讓人意外的是，地球生命不約而同地選擇了一種更複雜、相對也更容易出錯和更浪費的辦法：在 DNA 和蛋白質的二元化結構之間，平白無故地多了第三者：RNA（ribonucleic acid，核糖核酸）。

RNA 是一種長相酷似 DNA 的化學物質，兩者的唯一區別就是化學骨架上的一個氧原子。對於我們的生命 4.0 系統來說，RNA 像二郎神的第三隻眼睛一樣，顯得非常怪異和多餘。當生命開始活動的時候，DNA 密碼本的信息首先被忠實地謄抄到 RNA 分子上，然後 RNA 分子再去指導蛋白質的裝配。放眼望去，加上 RNA 的生命——就叫它生命 5.0 好了——實在是看不出有甚麼優勢來。打個比方，原本在車間裏，一個經理直接指導工人幹活就挺好的，命令傳達簡單快捷還不容易出錯。現在非要給經理配一個主管，每一道命令都必須由經理告訴主管，主管再告訴工人。直覺告訴我們，這樣的系統一定存在命令走樣變形、人際關係複雜多變等問題，更不要説還得多付這個主管的工資了！

然而，這套疊床架屋的所謂「中心法則」（見圖 3-4）幾乎成了所有地球生命運轉的核心，既保證了遺傳信息的世代流傳，也保證了每一代生命體實現自身的生命機能。這種巨大的反差驅使人們從反方向思考，也許 DNA → RNA →蛋白質的系統有極其深遠但仍不為人所知的意義，以至於這個看起來如此多餘、低效和浪費的系統能夠挺過嚴酷多變的地球環境和物種競爭，保留在絕大多數地球生命的身體裏。

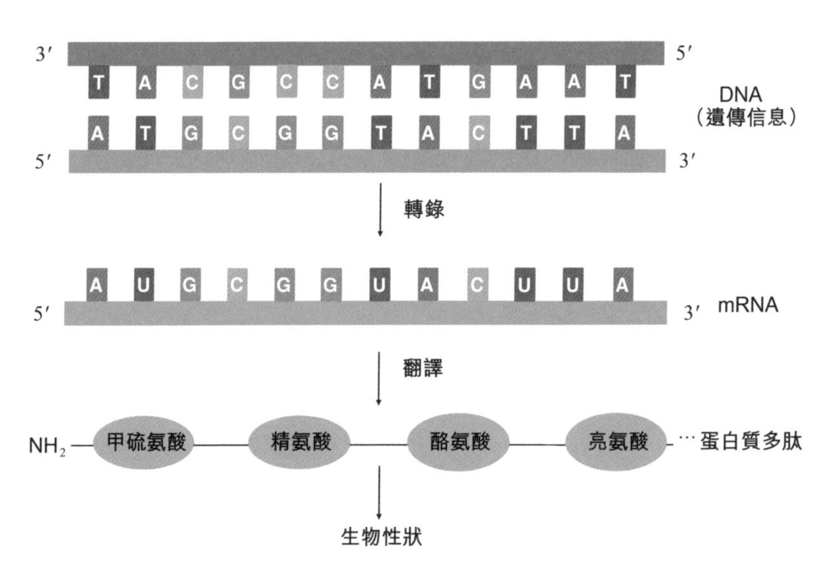

圖 3-4　生命的「中心法則」。依據中心法則，DNA 的自我複製保證了遺傳信息的傳遞和生命的生生不息，DNA 也通過指導蛋白質合成決定了生命活動的形態。RNA 的產生則是其中的一個中間步驟，RNA 一方面忠實抄寫了 DNA 的密碼信息，另一方面直接指導了蛋白質的製造。值得指出的是，地球生命中也有不少中心法則之外的生命。比如某些病毒並沒有 DNA，而是直接利用 RNA 來存儲遺傳信息並指導蛋白質合成（例如流感和丙型肝炎病毒）。也有一些病毒雖然使用 DNA，但是和圖中不同，牠們僅有一條單鏈 DNA，只在啟動自我複製的時候才變成雙螺旋。

這樣做的意義是甚麼呢？

事實上，早在20世紀中葉，當DNA→RNA→蛋白質這套遺傳信息傳遞的所謂「中心法則」剛剛被提出的時候，就已經有人問這樣的問題了。例如1968年，DNA雙螺旋的發現者之一克里克就在一篇文章中大膽地猜測，也許看起來多餘的RNA才是最早的生命形態。他甚至說：「我們也不是不能想像，原始生命根本沒有蛋白質，而是完全由RNA組成的。」但是猜想畢竟只是猜想，看似無用的RNA反而可能是最早的生命，重要的DNA「雞」和蛋白質「蛋」反而僅僅是RNA的後代和附屬品。這樣的想法可以引發很多哲學上有趣的思考，但是很少有人期待真的在自然界或者實驗室裏驗證它。

直到1978年，30歲的生物化學家湯姆·切赫（Tom Cech）來到美麗的山城——美國科羅拉多州的邦德建立了自己的實驗室。

他的研究興趣和我們講過的中心法則有密切的關係。我們知道，在遺傳信息的流動中，RNA是承接在DNA和蛋白質之間的分子。它謄抄了DNA密碼本的信息，然後再以自身為藍圖，指導蛋白質的裝配。不過早在20世紀60年代，人們就已經發現，RNA密碼本其實並不是一字不差地謄抄了DNA密碼本的信息，例如DNA密碼本中往往會寫着大段大段看起來沒有甚麼特別用處的「廢物」字母（它們的學名叫作「內含子」）。在抄寫RNA密碼本的時候，生物會首先老老實實地謄抄這些廢物字母，之後再將它們整頁撕去，整理出更精簡更經濟的一本密碼本。

切赫當時的興趣就是研究這種被叫作「RNA 剪接」——也就是如何撕去密碼本中間多餘的紙張——的現象。他使用的研究對象是嗜熱四膜蟲[①]（*tetrahymena thermophila*），這是一種分佈廣泛的淡水單細胞生物，很容易大量培養，並且個頭很大（直徑有 30 至 50 微米），很方便進行各種顯微操作。而研究 RNA 剪接也是分子生物學黃金年代裏熱門的話題之一，畢竟它關係到遺傳信息如何最終決定了生物體五花八門的生物活動和性狀。

一開始，切赫的目標是很明確的。他已經知道，在四膜蟲體內的 RNA 分子中段，有一截序列是沒有甚麼用的。這段被稱為「中間序列」的無用信息，在 RNA 剛剛製造出來之後很快就會被從中間剪切掉。而這個過程是怎麼發生的呢？切赫希望利用四膜蟲這個非常簡單的系統來好好研究研究。他的猜測也很自然：肯定有那麼一種未知的蛋白質，能夠準確地識別這段 RNA 中間序列的兩端，然後「哢嚓」一刀切斷 RNA 長鏈，再把兩頭縫合起來，RNA 剪接就完成了。

為了找出這個未知的蛋白，切赫的實驗室使用了最經典的化學提純方法。他們先準備了一批尚未切割的完整 RNA 分子，再加入從四膜蟲細胞中提取出來的蛋白質混合物「湯」。那麼顯然，RNA 分子應該會被切斷和縫合，從而完成密碼本的精簡步驟。他們的計劃是，把蛋白質「湯」一步一步地分離、提純，

---

① 嗜熱四膜蟲這種看起來不起眼的單細胞生物孕育了 20 世紀的許多偉大發現。除了下文會講到的核酶和 RNA 世界，還有對於衰老異常重要的端粒和端粒酶（2009 年諾貝爾生理學或醫學獎），以及蛋白質的翻譯後修飾等。

排除掉那些對 RNA 剪接沒有影響的蛋白質，那麼最終留下的應該就是他們要找的那個負責剪接 RNA 的蛋白質了。

但是，他們的嘗試剛一開始就差點胎死腹中。因為切赫發現，RNA 分子加上蛋白質「湯」確實會很順利地啟動剪接。但是即使甚麼蛋白質都不加，RNA 分子也同樣出現了剪接！

任何一個受過起碼的科學訓練的人都明白，這個現象是多麼令人沮喪。甚麼都不加的 RNA 分子也能被剪接，看起來只有兩個可能性：第一，切赫他們製備的 RNA 已經被污染了，裏面混入了能夠切割 RNA 的蛋白質，因此不管加不加東西，RNA 分子都被剪接了；第二，切赫他們看到的這個現象壓根兒就不是 RNA 剪接，而是一種不知道是甚麼的實驗錯誤，因此加不加其他蛋白質，他們看到的都不是剪接。不管是哪種解釋，眼看着這個實驗就做不下去了。

於是，切赫他們嘗試了各種各樣的辦法來改進實驗。他們首先假定自己的純化功夫確實不到位，RNA 被污染了，因此想要從裏面找出那種被「污染」的蛋白是甚麼，沒成功；後來他們往純化出的 RNA 分子裏加上各種各樣破壞蛋白質活性的物質，試圖停止 RNA 的剪接，發現也不成功；他們甚至還做了更精細的化學實驗，來研究 RNA 到底是怎麼被剪接的、發生了甚麼化學修飾……

終於，到了 1982 年，切赫他們乾脆放棄了對 RNA 分子各種徒勞的提純，直接在試管裏合成了一個新的 RNA 分子。然後，利用這條理論上就不可能存在污染的純淨 RNA，他們終於可以明白無誤地確認，這條RNA在甚麼外來蛋白質都沒有的條件下，仍然固執地實現了自我剪接，把那段沒用的中間序列切割了出來。

事情已經無可置疑。根本不存在那種看不見摸不着又總是頑固地剪接 RNA 的蛋白質，RNA 可以自己剪斷和黏連自己！

説得更酷一點，原本大家覺得多餘和浪費的 RNA 分子，居然可以身兼 DNA 和蛋白質的雙重功能：它顯然可以和 DNA 一樣存儲信息，同時也可以像蛋白質一樣催化生物化學反應——在切赫的例子裏，這個化學反應就是對自身進行切割和縫合。切赫給他們找到的這種新物質命名為「核酶」（ribozyme，兼具核酸和酶的功能之意，見圖 3-5），而科學界也閃電般地以 1989 年諾貝爾化學獎回報了這個注定要名垂青史的偉大發現。

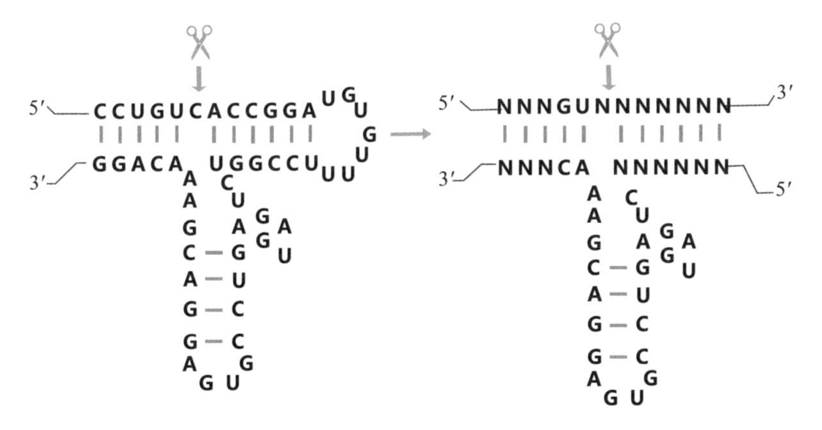

圖 3-5　「錘頭」核酶（hammerhead ribozyme），廣泛存在於從細菌到人體的多種生物中。一條 RNA 鏈能內部摺疊配對，形成一種狀似髮卡的結構，並能在特定位置實現自我剪切。

當然無論如何，剪接這件事本身看起來其實不過是一種並不那麼複雜的生物化學反應。無非是「咔嚓」一刀，然後縫好，在地球生命的體內只能算是一種平淡無奇的現象。但是這個發現仍然具有極其深遠的意義，既然在一種單細胞浮游生物體內確實存在着一種分子，它既可以作為密碼本記錄生命體的遺傳信息，又可以作為分子機器驅動一種簡單的生命活動過程，那麼舉一反三，就會想到，也許曾經存在一大類邏輯類似的核酶分子，它們既能夠記錄五花八門的遺傳信息，又能夠實現形形色色的生命機能，一身擔起 DNA 和蛋白質的使命。

而只要稍加推廣，我們就會發現，核酶的概念似乎可以用來解釋生命起源！不是説 DNA 和蛋白質先有雞還是先有蛋這個問題無法解決嗎？核酶這種奇怪的東西，至少理論上可以既是雞又是蛋！只要想像一個這樣的 RNA 分子，它自身攜帶遺傳信息，同時又能催化自身的複製（相比剪接，這當然是一種複雜得多的生物化學反應），那不就可以實現遺傳信息的自我複製和萬代永續了嗎？甚麼 DNA，甚麼蛋白質，對於偉大的生命起源來説，不過是事後錦上添花的點綴而已！

RNA 世界

不得不承認，這個思路的腦洞還是開得很大的。要知道，雖然切赫發現的核酶確實實現了一點替代蛋白質的功能，但這個功能還是非常簡單的，只是給 RNA 做個砍頭接腳的外科手術而已。而如果真要設想一種核酶能夠實現自我複製的功能，它必須能夠以自身為樣本，把一個接一個的核苷酸按照順序精確地組裝出一條全新的 RNA 鏈條來。這個難度比起 RNA 剪接，簡直是汽車流水線和鋤頭剪刀的差別。

不過沒過多久，大家在研究細胞內的蛋白質生產過程的時候，就意識到 RNA 的能力遠超人的想像。我們知道，蛋白質分子的生產是以 RNA 分子為模板，嚴格按照三個核苷酸分子對應一個氨基酸分子的邏輯，逐漸組裝出一條蛋白質長鏈的過程。這個過程是在一個名叫「核糖體」（模型見圖 3-6）的車間裏進行的。而從 20 世紀 80 年代開始，人們在研究核糖體的時候逐漸意識到，這個令人眼花繚亂的複雜分子機器，居然是以 RNA

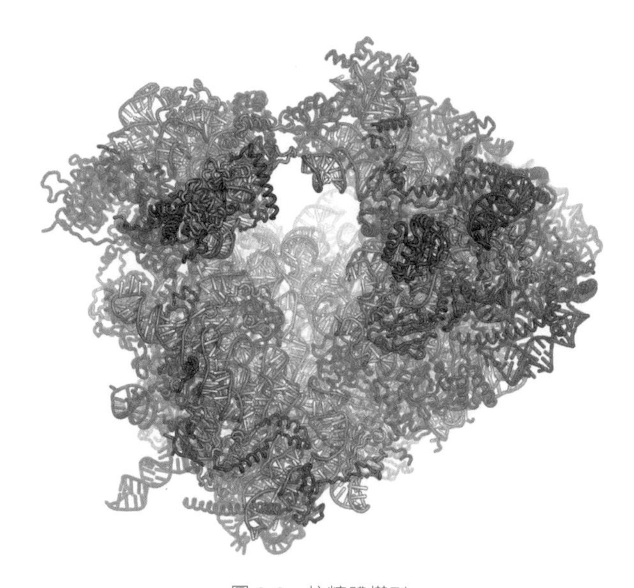

圖 3-6　核糖體模型

為主體形成的！在細菌中，核糖體車間的工作人員包括五十多個蛋白質，以及三條分別長達 2,900、1,600 和 120 個核苷酸分子的 RNA 鏈。這些 RNA 鏈條上的關鍵崗位對於決定蛋白質生產的速度和精度至關重要。

既然連蛋白質生產這麼複雜的工作 RNA 都可以勝任，那還有甚麼理由説，在生命誕生之初，RNA 分子就一定不能做到自我複製呢？

就是在這樣腦洞大開的思路指引下，全世界展開了發現、改造和設計核酶的競賽。我們當然沒辦法看到地球生命演化歷史上第一個自我複製的核酶到底是甚麼樣子的，但是如果人類科學家能在實驗室裏人工製造出一個能夠自我複製的核酶，我們就有理由相信，具備同樣能力的分子在遠古地球上出現，並不是甚麼天方夜譚。

2001 年，美國麻省理工學院的科學家成功「製造」出了一種叫作R18的、具有部份自我複製功能的核酶分子（見圖3-7），第一次證明核酶確實不光能當鋤頭剪刀，還真的可以裝配汽車！當然，R18 的功能還遠不能和我們假想中的那個既能當雞又能當蛋的祖先 RNA 相比，R18 僅僅能夠複製自身不到 10% 的序列，而我們的祖先可一定需要 100% 複製自身的能力。但這畢竟是一個概念上的巨大突破。要知道，既然人類科學家可以在短短幾年內設計出一個具備初步複製能力的核酶，那麼我們就沒有理由懷疑，無比浩瀚的地球原始海洋在幾億年的時間裏會孕育出一個真正的祖先核酶。

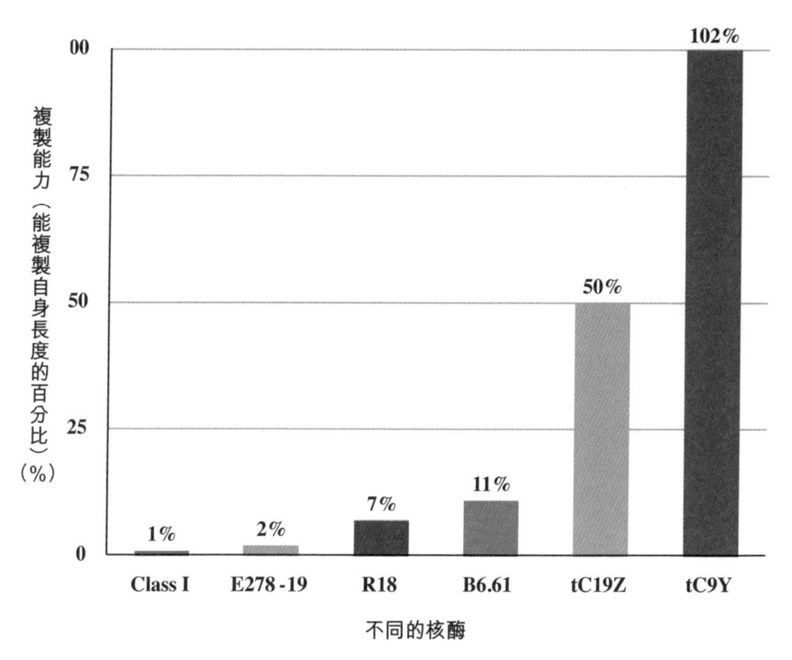

圖 3-7　人工設計核酶的進展驚人。R18 能夠複製長度為自身 7% 的序列，而最新的 tC9Y 核酶可以複製超過合成長度的 RNA 序列，至少在理論上，tC9Y 已經具備了自我複製的能力。

在這一系列激動人心的科學發現中，克里克 1968 年的假說重新被人們翻了出來，而到了 1986 年，另一位諾貝爾獎得主、哈佛大學的沃特·吉爾伯特（Walter Gilbert）更是正式扛起了「RNA 世界」理論的大旗，要替 RNA 搶回地球生命的發明權了。

這可能是最接近真相也最能幫助我們理解生命起源的理論了。這個理論的核心就是，RNA 作為一種既能夠存儲遺傳信息又可以實現催化功能的生物大分子，是屹立於生命誕生之前的指路明燈。可能在數十億年前的原始海洋裏，不知道是由於高達數百攝氏度的深海水溫、刺破長空的閃電，還是海底火山噴發出的高濃度化學物質，數不清的 RNA 分子就這樣被沒有緣由地生產出來，飄散，分解。直到有一天，在這無數的 RNA 分子（也就是無窮無盡的鹼基序列組合）中，有這樣一種組合，恰好產生了自我複製的催化能力。於是它蘇醒了，活動了，無數的「後代」被製造出來了。這種自我複製的化學反應所產生的大概還不能被叫作生命，因為它仍然需要外來的能量來源，它還沒有「以負熵為生」的高超本領。但是，它很可能照亮了生命誕生前最後的黑夜，在它的光芒沐浴下，生命馬上要發出第一聲高亢的啼鳴。

今天，絕大多數地球生命都在中心法則的支配下生存繁衍，DNA 存儲遺傳信息並持續地自我複製，DNA 通過 RNA 控制了蛋白質的合成和生物體的性狀（見圖 3-8）。RNA 僅僅作為信息流動的中間載體出現，看起來多餘而浪費。但是在遠古地球，情形可能會很不相同。贊成 RNA 世界理論的科學家認為，在那時也許既沒有 DNA 也沒有蛋白質，而是 RNA 分子身兼兩職：既能代替 DNA 存儲遺傳信息，又能代替蛋白質推動各種生物化學反應。

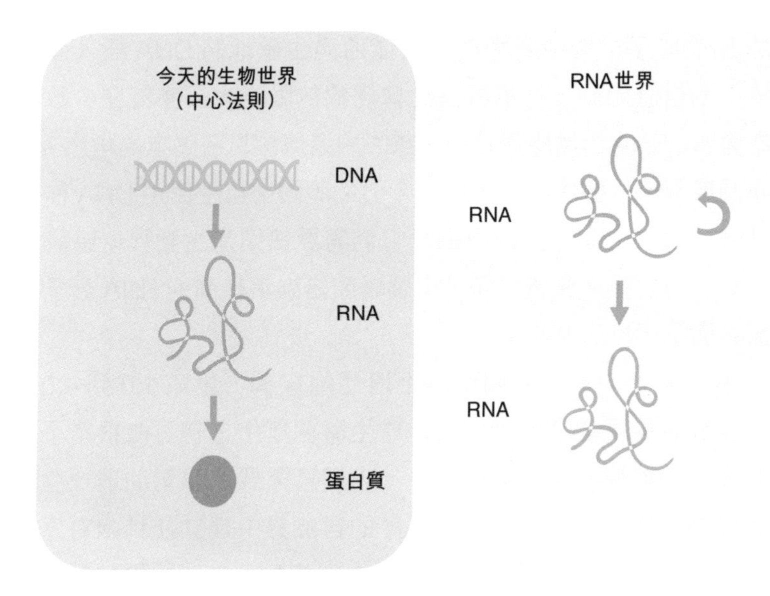

圖 3-8　今天的生物世界和 RNA 世界

而可能在 RNA 世界出現甚至統治地球之後，今天地球生命的絕對統治者——DNA 和蛋白質——才嶄露頭角。從某種意義上説，它們利用各自的優勢，從身兼存儲遺傳信息和催化生命活動的 RNA 分子那裏搶走了原本屬它的榮耀。

相比 RNA，DNA 是更好的遺傳信息載體，因為 DNA 的化學性質更加穩定，在自我複製的過程中出錯率更低。相比 RNA，蛋白質又是更好的生命活動催化劑。由 20 種氨基酸裝配而成的蛋白質分子，比僅有四種核苷酸裝配而成的 RNA，可以摺疊出更複雜的三維立體結構，可以推動更多更複雜的生物化學反應。因此，在今天的地球上，對於絕大多數生物而言，

RNA 反而成了一個中間角色，僅僅通過生硬地將 DNA 插入蛋白質中的信息流動，宣示着自己曾經的無限榮光。僅僅在少數病毒體內，RNA 仍然扮演着獨一無二的遺傳信息密碼本的角色。而我們推測，一些病毒之所以至今仍然頑固地抗拒使用 DNA 作為遺傳物質，一個可能的原因是它們需要快速產生變異以逃脫免疫系統的攻擊。在這方面，複製環節錯誤率較高的 RNA 分子反而具備了獨特的優勢。

所以說到這裏，我們不得不遺憾地宣稱，生命 1.0 到 4.0 的思想實驗很可能是多餘的。地球生命在誕生之初可能根本不需要獨立的遺傳物質和催化分子，它們只需要能量幫助地球生命擺脫熱力學的詛咒，在混亂無序的自然界中建立起精緻有序的生命結構。而 RNA 祖先則肩負起自我複製、為生命開枝散葉的重任。而此後 40 億年的漫漫演化，DNA 和蛋白質出現，多細胞生物誕生，人類萌生，智慧出現，其實都只是那一次偉大結合的綿綿餘韻而已！

第 4 章

細胞膜：分離之牆

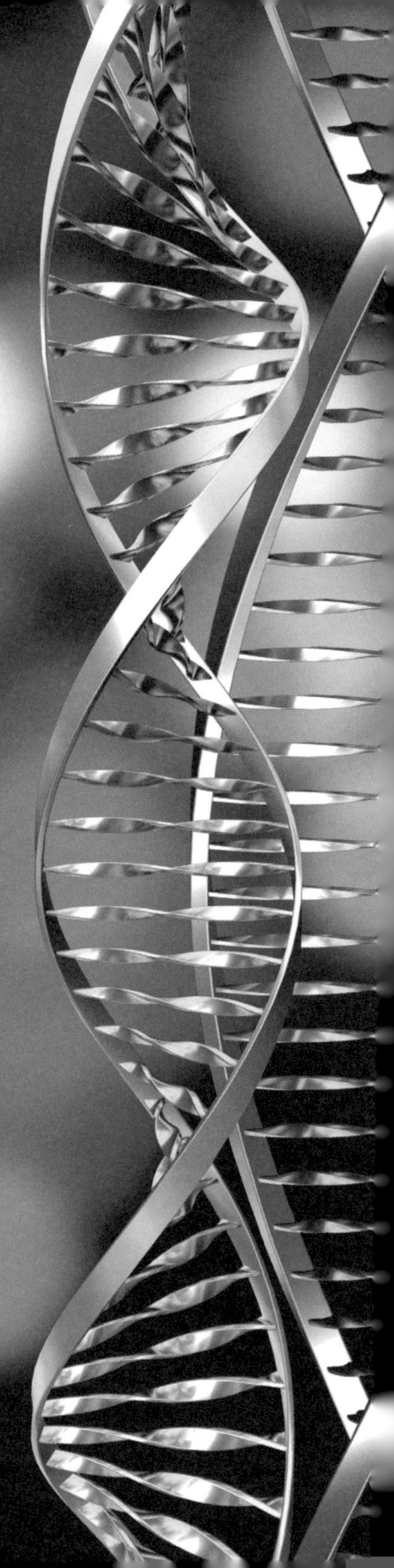

生命的外殼

對於地球生命來説，生命體和周圍環境之間總是存在着不言而喻的清晰界限。皮膚和毛髮包裹着人類的軀體，水裏的魚蝦頂着閃閃發光的鱗片或者厚厚的硬殼，樹木的軀幹也圍着斑駁嶙峋的樹皮。很難想像會存在一種生命，它和環境之間有着緩慢過渡的邊界。就像我們看不到人體的內臟飛得滿房間都是，也不會看到樹木若有若無的魅影籠罩成了一片樹林。

在微觀角度下，幾乎所有的地球生命都是由一個或多個，乃至上百萬億個微小的細胞構成的。即使是不以細胞形式存在的病毒生命，也只有在進入宿主細胞後才能「活」過來開始自己的生命歷程。細胞是構成地球生命的基本物理單元。細胞內外，生命和環境的界限不言而喻。

從某種意義上説，每一個細胞都可以看作一個有着自己獨特生活經歷和命運的生命體。祖先細胞的 DNA 分子在完成自我複製後各奔東西，攜帶着祖先的記憶，伴隨着細胞本身一分為二，完成生命的繁衍複製。在每一個細胞內部，能量貨幣 ATP 驅動着各種各樣生命活動的進行，它讓紅血球吸滿氧氣在血管裏暢游，讓神經細胞釋放高高蓄積的離子水位產生微弱的生物電流，讓草履蟲的纖毛輕輕擺動，讓大腸桿菌修補外殼上破損的脂多糖。而到生命的盡頭，細胞或因為外敵的入侵不幸罹難，或按照自身的生命密碼啟動自殺程序，曾經輝煌壯麗的生命大廈轟然倒塌，曾經嚴整有序的形態、結構和生物分子慢慢破損消亡。

馬蒂亞斯·雅各布·施萊登（Matthias Jakob Schleiden）和西奧多·施旺（Theodor Schwann）是細胞學説的集大成者。1839 年，兩人分別提出植物和動物都是由許多個微小的細胞組成的，細胞是生命的基本單元。儘管後世對於兩位學者在細胞學説中的具體貢獻一直存有爭議，但是細胞學説無疑是還原和解釋生命現象的重要飛躍。在細胞學説的視野裏，包括人類在內的高等生物實際上和肉眼看不見的細菌並沒有甚麼本質的區別，都受到相同物理化學規律的約束。

和宏觀生命一樣，細胞這種微觀生命也是有清晰邊界的。它們被一層僅有幾納米厚的脂類分子薄膜嚴密地包裹起來，薄膜內部是生機勃勃的生命活動，外部則是危險冷漠的外在世界。實際上，考慮到地球生命都是由數量不等的細胞構成的，我們完全可以認為這層薄膜才是生命和地球環境的邊界。想到由僅僅幾納米的薄膜構成了人體的軀殼，讓空氣、水和我們身上的服飾不會輕而易舉地深入我們身體內部，這種感覺真的有點怪怪的。

在邏輯上很容易想通這層薄膜的意義——它遠比簡單的一層物理屏障重要得多。

我們在前面講過，能量和自我複製是生命從混亂無序的環境中萌發並萬世長青的兩個基本條件。換句話説，生命現象想要存在，必須在局部蓄積起足夠濃度的能量（例如能量貨幣 ATP），然後用它驅動某種能夠攜帶遺傳信息的生物大分子（例如 DNA 和 RNA）的自我複製。那麼可想而知，如果沒有一層物理屏障的話，能量分子和遺傳物質哪怕能夠偶然出現，也會像在原始海洋裏滴一滴墨汁一樣，迅速稀釋得無蹤無跡。或者反過來説，從46億年前地球形成開始，能量分子和遺傳物質可能自發出現過千千萬萬次。但是必須再耐心等待10億年，直到第一個原始細胞出現，為能量分子和遺傳物質構造起「分離之牆」，並且從那一刻開始，始終包裹在每一個細胞和它們的後代周圍，地球生命才真正有可能告別曇花一現的化學反應現象，穩定地存活下來，利用能量驅動生命活動，利用自我複製適應地球環境，開枝散葉一直到今天。

當然了，即使沒有這層薄膜，化學家仍然可以設想出許多場合能夠聚攏能量分子和遺傳物質。比如，我們可以設想最早的生物化學反應並不是在海洋裏進行的，而是固定在某種固體（例如海底礦床和火山）的表面，我們也可以設想岩石內部存在微小的孔隙，生命物質可以在孔隙裏維持很高的濃度。但是不管是礦床還是岩石孔隙，都不會跟着生命自我複製的節奏擴張。生命的最終出現，仍然需要有一座分離之牆，一層生命自身能夠製造和儲備的薄膜。

不需要做任何觀察和實驗，我們也能輕而易舉地推導出這層分離之牆具有許多有趣的性質。

首先，它必須是一種不溶於水的化學物質，否則就會在地球原始海洋裏輕易地分崩離析。其次，它必須能夠形成緻密的結構，要是孔隙太大，各種物質能夠自由進出，這層膜也就沒有用了。而基於這兩點，我們還能猜想出這層膜的第三個性質：它必須具備一定程度的通透性，能夠讓某些分子穿梭於細胞內外，例如氧氣、營養物質、細胞產生的廢物，等等。不溶於水、緻密包裹、有選擇透過性，考慮到地球原始海洋裏並沒有多少原材料可以選，按説生命這道分離之牆的性質應該昭然若揭了。

然而讓人跌破眼鏡的是，從英國科學家羅伯特·胡克（Robert Hooke）在顯微鏡下觀察到植物軟木標本裏一個個蜂巢狀的微小結構（見圖4-1）並於1665年提出「細胞」的概念[①]，到1972年西摩·辛格（Seymour Singer）和加斯·尼克爾森（Garth Nicolson）提出目前被廣為接受的細胞膜物質解釋「流動鑲嵌模型」，足足用了三百多年的時間！

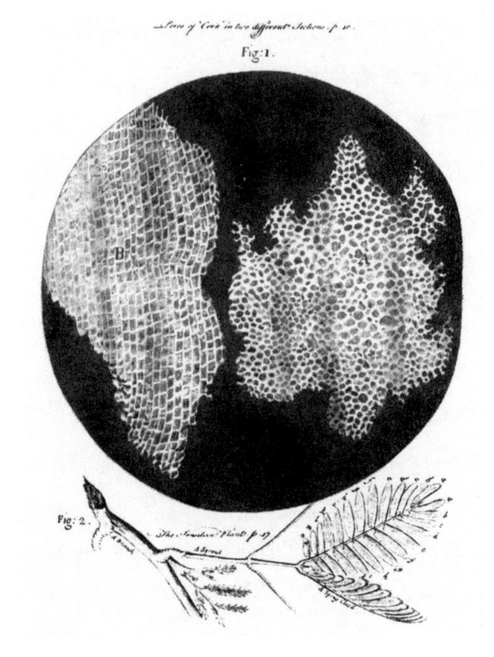

圖4-1　胡克在顯微鏡下觀察到的軟木標本圖片

---

① 1665年，胡克發表了巨著《顯微術》。他在書中展示了在顯微鏡下觀察到的軟木標本圖片，並把蜂巢狀的結構命名為「細胞」（cell，意為「小室」）。我們現在知道，胡克圖片中的蜂巢結構其實是植物的細胞壁，這是一種由多糖類物質形成的結構。細胞壁內部才是細胞膜。動物細胞沒有細胞壁。

看見分離之牆

科學研究從來就不是一蹴而就的坦途，曲折反覆、浴火重生是常態。但是無論如何，從知道有一層邏輯上必須存在的膜，到搞清楚這層膜到底是甚麼，300 年還是太長太長了，長到在對科學史蓋棺定論的時候，我們必須對此給出一個合理的解釋。

敏鋭的讀者可能已經猜到了：這個解釋就是，這層膜實在是太薄了！厚度還不到 10 納米，遠遠低於光學成像的理論極限分辨率 200 納米。人類科學家再雕琢自己的光學顯微鏡鏡片，也不可能看到這層膜的樣子（胡克在軟木標本中看到的蜂巢結構其實是細胞壁，一種植物細胞特有的堅硬外殼）。看都看不見的東西，天知道它存不存在？而在生物學家瞪大眼睛反覆看，都沒有看到傳説中這層膜的樣子之後，自然而然會有一批人轉而開始考慮其他的可能性。比如，直到 20 世紀初，仍然有不少生物學家認為這層膜壓根兒就是不存在的，細胞內的物質像膠水一樣黏合在一起才不會破碎和稀釋。這個解釋現在看起來幾乎是錯誤的，就算是每一個細胞內的物質可以按照這種方式聚集而不散開，怎麼才能防止細胞和細胞之間的「膠水」黏在一起呢？這種解釋仍然離不開一個在物理化學性質上截然不同的「分離之牆」。歸根結底，生物學家還是敗給了自己「眼見為實」的思維定式。

話説回來，要説服大家相信一個看不見摸不着的東西僅僅因為邏輯上的理由就必須存在，確實還是需要些勇氣的。讀者可能會想到一個類似的例子：物理學中「以太」的概念。而且別忘了，以太的概念最終被證明是多餘的！

所幸從18世紀開始，生物學家觀察到了一個很有趣的現象：把動物的紅血球從血液裏提取出來，丟進各種各樣的溶液中，如果溶液裏鹽份很足，細胞會縮成一小團；如果溶液裏鹽份很少甚至沒有，細胞又會腫脹得很大。這個現象當然可以有各種各樣的解釋，但是最簡單的解釋就是把細胞想像成一個薄膜包裹的盛水口袋，水可以在薄膜兩邊自由地流動，但是鹽分子不可以。如果外界環境鹽份太足，就會形成外高內低的鹽濃度差，也就是説，內高外低的水濃度差。因而水會順着這種濃度差，從裏往外滲出來，讓口袋變小；反過來水就會滲進口袋，讓口袋變大。

到了 19 世紀末，在檢測了市面上能找到的數百種化學物質之後，英國科學家厄內斯特・歐福頓（Ernest Overton）發現，並不是把細胞丟在甚麼溶液裏，它都會像變戲法一樣長大縮小的。各種各樣的鹽溶液都沒有問題，但是如果換成脂類分子溶液（比如膽固醇），這種戲法就不靈了。那麼根據上面的邏輯繼續推論，我們還可以進一步猜測脂類分子也能自由通過細胞膜。這樣在脂肪和水的環境裏，細胞膜就像篩子一樣，完全起不到「分離之牆」的作用，當然也就談不上能控制細胞的大小了。在此觀察的基礎上，歐福頓天才地設想，這層薄薄的細胞膜可能本身就是由脂類分子構成的，特別是膽固醇和磷脂這兩種脂類分子。

這個設想一舉解決了我們關於「分離之牆」特性的猜測。大家都知道「油水不相容」，這是因為水分子帶有強烈的極性，它的氧原子上帶有強烈的負電荷，氫原子上則帶有正電荷，因此水分子之間能夠通過正負電荷的吸引形成穩定的結構。相反，大多數脂類分子的電荷分佈很均勻，一旦放入水中，不僅不能和水分子形成電荷吸引，反而還會破壞水分子之間的穩定關係，就像把玻璃彈珠扔進一堆方方正正的樂高玩具中一樣不合時宜。因此脂肪分子不溶於水，而且在水中還會自發聚集成團，盡可能減少表面積，減少暴露在水分子面前的機會。這樣一來，由脂類分子構成的膜當然就不會在水中分崩離析，而且天然地形成緻密的結構，包裹住細胞內的生命物質。

當然了，歐福頓的理論聽起來頭頭是道，但是有一個相當致命的技術問題沒有涉及。脂類分子構成的膜為甚麼不會動不動就突然崩塌，進一步收縮成更小更緻密、表面積更小的球？要知道，既然脂類分子在水中的天然傾向是減少表面積，那自身聚集成一個實心球，把大多數脂肪都包裹起來豈不是最好的解決方案？

這個問題又過了二十多年才得到完美的解決。1925 年，荷蘭萊頓大學的科學家高特（Evert Gorter）和格蘭戴爾（François Grendel）決定直接使用化學方法，把這層假想中的「分離之牆」提取出來，看看它們是甚麼——如果它們如歐福頓所說的當真存在的話。

根據歐福頓的理論，這層膜是脂類分子，因此可以用有機溶劑輕鬆提純。然後，高特和格蘭戴爾把從紅血球中提取的這些物質平鋪到一杯水上，小心翼翼地拉成了一層膜。這個過程有點像把吃菜剩下的油倒進開水裏，水的表面就會形成一層油亮亮的薄膜。然後他們發現，拉出這層膜的面積，排除掉實驗誤差，差不多正好是計算出的紅血球表面積的兩倍！換句話說，細胞膜應該不是一層，而是由兩層分子構成的（見圖 4-2）。

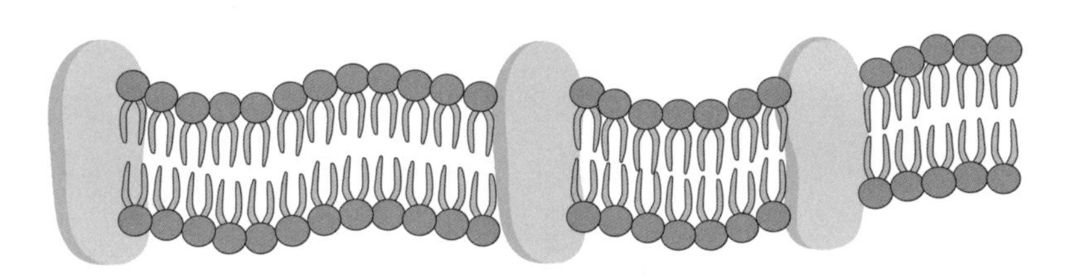

圖 4-2　高特和格蘭戴爾提出的磷脂雙分子層模型。簡單來說，細胞膜是由兩層緊密排列的磷脂分子構成的，磷脂分子的極性「頭」朝外，和水分子親密結合，非極性「尾」則隱藏在分子內部。可以看出，這樣的結構最大限度地避免了電中性的尾巴和水分子的接觸，物理性質很穩定。

這時高特和格蘭戴爾又想起了歐福頓理論中一個總是被人忽略的小細節。歐福頓預測，細胞膜的物質成份是磷脂和膽固醇，而這兩種脂類分子都有一個異乎尋常的特性：分子骨架的絕大多數地方都是電中性的，因此天然排斥水分子。但是兩種分子的頂端卻恰好都有一個帶有電荷的「頭」，因此是可以和水分子親密結合的。也就是說，這兩種分子兼具了油和水的性質，頭像水，尾巴像油。這樣一來，這個雙層膜的現象就很好解釋了。兩層膜對稱排列，都是頭朝外，尾巴朝內，那麼分子骨架上電中性的部份被完全隱藏在了內部，而分子頭部帶電荷的部份又可以用來結合水分子，一舉兩得。這樣的結構甚至比單純用脂肪分子堆積一個實心小球還要穩定！

直到此時，對細胞膜的存在、細胞膜的特性、細胞膜的化學構成才真正取得了共識。高特和格蘭戴爾的雙分子層模型在此後經歷過幾次小的更正和改動，但是細胞膜的基本形態模型已經確定。實際上，儘管大家真正「看」到細胞膜是在那之後二三十年，20 世紀 50 年代電子顯微鏡足夠進步的時候，但是真到那個時候，大家反而沒有那麼大驚小怪了——因為細胞膜必須存在、由磷脂和膽固醇分子構成、是一個雙層膜的夾心結構這幾個要點，在「眼見為實」之前就已經深入人心並寫進教科書了。

實際上，這樣一種細胞膜不光是邏輯上容易理解、實驗上得到了證明，它還非常容易形成。最後一點對於解釋地球生命的起源——也許包括宇宙許多生命形態的起源——非常重要。只要把一些具備類似兼具油水性質的分子放在水裏，它們可以自發形成一層薄膜，包裹成一個空心球的形狀。也就是說，只要在原始海洋裏的某個地方，不管是終日噴湧的海底火山，還是狂風暴雨的海洋表面，某個化學反應能夠批量製造出脂類分子，最早的細胞結構就可以自發形成，剩下的問題無非是怎麼用這種結構把能量分子以及遺傳物質包裹起來而已。

關於這一點，最動人心魄的證明來自地球之外。

1969 年，一個巨大的火球從天而降，擊中澳洲維多利亞省的默奇森（Murchison），留下騰空而起的蘑菇雲。人們很快確認，爆炸來自一顆重達 100 公斤的隕石（見圖 4-3），它墜地產生的碎片散佈在十多平方公里的地面。人們驚奇地發現，這顆隕石上攜帶了大量的有機物質——幾十種氨基酸和脂肪分子，甚至還有能夠形成 DNA 和 RNA 分子的嘌呤和嘧啶——這些物質和米勒－尤里實驗的產物驚人地相似。

這些發現立刻引發了兩種完全不同的解讀。在一部份人看來，地球生命可能就來自這些從天而降的隕石，早期地球經歷了密集的隕石雨轟擊，來自天外的生命物質很可能足夠多，因此構成了地球生命的物質基礎。

圖 4-3　默奇森隕石。1969 年 9 月 28 日上午 11 點墜落在澳大利亞。現藏於美國國家自然歷史博物館。

而在另一部份人看來，默奇森隕石的發現恰恰説明根本不需要把地球生命的尊嚴寄託於天外來客，既然隕石攜帶的物質如此接近米勒－尤里實驗的發現，那麼在早期地球海洋中，在雷鳴電閃和火山噴發中製造出地球生命所需的物質，應該非常簡單。地球生命的出現根本不需要借用甚麼天外隕石的假説。

到了 1985 年，關於默奇森隕石的研究又一次震動了科學界。美國人大衛・蒂莫（David Deamer）證明，從隕石中提取出來的脂類分子也可以自發形成類似於細胞膜的結構。如果說在此之前，借由米勒－尤里實驗和對默奇森隕石的研究，科學家已經不懷疑生命物質出現在宇宙中是一件平淡無奇的事情，那麼蒂莫的發現說明，就連第一個真正的生命——細胞——的出現可能都沒有人類想的那樣複雜，它同樣可能是一件自然而然、平淡無奇的小事件！

還記得我們前面故事裏提到的生命 4.0 嗎？有了能量，有了遺傳物質，有了細胞膜，地球生命起源的三大要素就此功德圓滿了。

能量驅動生命活動，保證高度有序的生命能夠克服熱力學第二定律的詛咒，在混亂多變的環境中生存下來。自我複製的生命用數量戰勝意外，用自身變化應對環境變化，確保生命不會因為意外事故或者墨守成規而凋謝。細胞膜這道「分離之牆」，為能量分子和遺傳物質提供了周全的保護，讓它們能夠穩定地蓄積和保存，並且讓兩者足夠接近，能量分子可以方便地驅動遺傳物質的自我複製，而遺傳物質也可以更方便地指揮蛋白質分子（例如 ATP 合成酶）的製造，從而製造出更多的能量。

細胞的出現讓生命現象突然變得異常豐富多彩。從納米尺度的 DNA、RNA 和蛋白質分子，到微米尺度的細胞，生命現象的物理尺度增大了上千倍。這也意味着生命的複雜程度上升了數十億倍（上千倍的三次方）！我們可以如此設想，在細胞出現之前，生命現象只能由一個納米尺度的生物大分子——不管是蛋白質還是 RNA 核酶——來獨立推動。而在細胞膜最後「合龍」、製造出一個微米級別直徑的封閉空間後，數不清的生物大分子就有機會在近距離內傳遞能量，合作分工，完成複雜的工作。

但是，在我們開香檳慶祝生命之花綻放之前，還有一個非常大的問題沒有解決。

第一個細胞是怎麼來的？

在本章故事的一開始，我們就說到細胞「分離之牆」必須具備三個性質：不溶於水，緻密包裹，選擇性通透。磷脂雙層膜完美地解決了前兩個問題。但是選擇性通透呢？或者說得更具體一點，就像歐福頓實驗證明過的那樣，脂質分子可以輕而易舉地穿越細胞膜，但是對生命至關重要的其他物質呢？能量物質葡萄糖怎麼進入細胞？細胞自身無法合成的金屬離子怎麼進入細胞？更要命的是，水分子又是怎麼進出細胞的？要知道，水分子可是脂肪分子的天生對頭啊。

在今天的地球生命中，這個問題解釋起來有點複雜，但是原理上並不難懂。簡而言之，細胞膜上「鑲嵌」着各種各樣的蛋白質分子，牠們可以幫助物質進行跨細胞膜流動，或者說牠們能夠形成一個狹窄的孔道，讓分子自由進出細胞（取決於細胞內外的濃度），水分子和金屬離子大多數時候是這樣進出細胞的。有時候，細胞膜上的蛋白質甚至可以將物質從低濃度一側運輸到高濃度一側，當然毫無疑問，這需要消耗能量。較大的分子就是依靠這種機制運輸的。

在最極端的例子裏，細胞甚至可以通過大尺度的扭曲摺疊來運輸分子。比如，我們血液裏的白血球可以將整個細菌都包裹起來「吞噬」進細胞內，我們大腦裏的神經細胞可以反其道而行之，將細胞內的小液泡釋放到細胞外，進行神經信號的傳遞。說起來，這些信息可能是過去半個多世紀裏，科學界對高特和格蘭戴爾磷脂雙分子層模型最重要的修改了。細胞膜不再是平靜無趣的緻密球殼，而是一個鑲嵌着各種各樣的蛋白質分子、一刻不停地疏導着細胞內外交通的重要分子機器。

但是，如果我們把問題延伸得久遠一點，聚焦在最早的地球生命上，那麼這個問題就無法簡單地解答了。在第一個細胞形成的時候，能量分子和遺傳物質是怎麼跑到細胞膜「裏面」去的？

這個聽起來有點傻的問題，真要仔細琢磨一下，會讓人心神不定。沒錯，只要製造出一些磷脂分子，它們會自己聚集成空心球模樣的原始細胞。沒錯，RNA 分子可能是世界最早的統治者，它們可以催化很複雜的生物化學反應，也能完成自我複製。還是沒錯，ATP 合成酶這種蛋白質能夠像一個微型水電站一樣，被洶湧而過的離子水流驅動，將化學勢能轉化為能量貨幣 ATP，驅動生命活動。更妙的是，不管是磷脂分子，還是 RNA 和蛋白質的組成單元核苷酸和氨基酸，都不是難以製造的分子，米勒和尤里能在燒瓶裏製造，就連從天而降的默奇森隕石上都帶着這些不知道在宇宙的哪個角落製造出來的分子。

但是問題也就出現了，無論是 RNA 分子還是蛋白質分子，都是親水憎油的極性分子，它們根本不可能自由穿過細胞膜進入內部的空腔！除非我們設想一種情形，當一堆磷脂分子正在緩慢聚集成球的時候，恰好在它們中間存在幾個 RNA 分子和 ATP 合成酶分子，它們運氣爆棚地被包裹在了細胞膜內。要想這樣的情形出現，我們需要的已經不僅僅是化學上的可能性了，還需要時間和空間上的驚人巧合。

更何況，今天地球生命用來連通細胞內外的蛋白質分子，在第一個細胞形成的時候應該都是不存在的。說到底，我們似乎又碰到了那個「雞生蛋還是蛋生雞」的頭疼問題。一方面，製造這些連通內外的蛋白質分子，需要複雜的遺傳信息和大量的能量，應該是細胞生命經歷長期演化之後的產物；但是另一方面，要是沒有這些蛋白質分子將生命物質運送到細胞膜內部，第一個細胞壓根兒就沒辦法形成！難道我們只能寄希望於驚人的時空巧合？而這個概率實在是小到令人難以置信，因此科學家沒有放棄努力，一直在尋找一個看起來更合理的解釋。

比如，一種解釋是這樣的，可能在細胞最初形成的時候，「分離之牆」的密閉性還沒有那麼好，DNA、RNA 和蛋白質還能自由地穿過，安居在細胞內。在細胞生命啟程之後，自然選擇的力量逐漸改變了細胞膜的化學組成，最終補上了細胞膜上的漏洞。這種解釋得到了默奇森隕石的支持。蒂莫的研究就發現，隕石上的脂類分子和今天細胞膜上的脂類分子略有不同，形成的空心球也具有不同的通透性。

另一種針鋒相對的解釋是，生物物質不需要「進去」，它們從一開始就定位在細胞空心球的外面。在此後細胞空心球或是通過向內凹陷，或是通過摺疊斷裂，形成了一個與拓撲結構恰好相反的空心球，這樣蛋白質和遺傳物質就悄無聲息地挪到了細胞內部（見圖 4-4）。這種建議尚沒有多少演化生物學證據的支持，但是不得不承認，今天的地球細胞確實有摺疊扭曲細胞膜的能力，比如人體的白血球就可以通過類似的過程「吞噬」入侵人體的細菌。

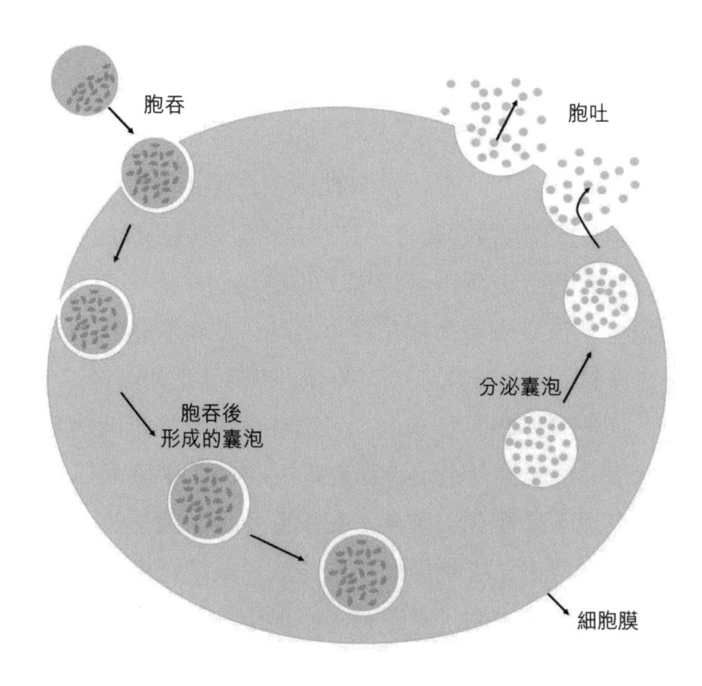

圖 4-4　細胞膜的大尺度流動可以產生「吞嚥」和「吐出」的效果。

如果我們回想一下上一個「先有雞還是先有蛋」的問題的解決方案，也許能得到一些有趣的啟示。遺傳物質 DNA 和活性分子蛋白質難以獨立存在，但是兩者同時出現的概率又微乎其微，對於這個困擾生物學家很多年的問題，一個最有希望的答案是 RNA——一種能夠兼具遺傳信息儲存和生物活動催化能力的分子。那麼有沒有可能，「分離之牆」細胞膜的出現和連通細胞內外的物質運輸這兩個問題也會有一個兩全其美的解決方案呢？

可能還真有。說到這裏，我們的故事要重新請出前任主角 ATP 合成酶了。

我們在前面的故事裏講過，這個蛋白質對於地球生命有着無可替代的重要意義，它能夠利用化學勢能製造能量貨幣 ATP，驅動複雜的生命活動。如果說要給最早的地球生命選一個必須擁有的蛋白質分子，ATP 合成酶是當仁不讓的入選者。實際上，通過對今天地球生命各個分支的大規模分析，我們也推測現代生物的最後共同祖先可能是存在於三四十億年前的單細胞生物。而在那時，原始的 ATP 合成酶就已經存在了。

但是在前面的故事裏，我故意留了一個漏洞給大家，不知道有沒有人產生了疑惑？就像水電站的運轉依賴於大壩兩側的水位差一樣，ATP 合成酶的運轉依賴於離子的濃度差。但是，在一個離子自由擴散的環境裏，這樣的濃度差是不可能穩定存在的。也就是說，ATP 合成酶的工作依賴於「分離之牆」。實際上在今天地球生命的內部，ATP 合成酶定位在細胞內部一個叫作線粒體的細胞機器上，線粒體的膜構成了這道「分離之牆」，蓄積起氫離子濃度，這是 ATP 合成酶的工作基礎。

而演化生物學的分析顯示，在三四十億年前，ATP 合成酶可能還不是今天的模樣。那個時候它長得還不太像精巧的分子發電機，中間大概有個直徑兩三納米的孔道，可以讓物質自由地流動穿梭。同時，推動它運轉的大概也不是氫離子，而是鈉離子——考慮到海洋中高濃度的鈉離子，這一點並不令人驚奇。也就是說，在原始細胞開始形成的時候，ATP 合成酶一舉解決了能量產生和物質運輸這兩大難題。海水中的高濃度鈉離子衝擊細胞膜上的 ATP 合成酶製造出 ATP，與此同時，遺傳物質也可以借路進入細胞之內。在此之後，伴隨着細胞生命的演化，越來越多的複雜蛋白質被生產出來，它們承擔起連通細胞內外運輸的職責，這時候細胞膜就逐漸變得越來越密閉，ATP 合成酶也逐漸關閉了它當中的暗門。就像 RNA 分子一樣，遠古的 ATP 合成酶可能同時起到了「蛋」和「雞」的作用，一身完成了製造能量和運輸物質的使命。

也許就是這樣，在大約四十億年前的某一天，ATP 合成酶最終關閉了它狹窄的暗門，第一個完整的細胞出現，讓地球生命的發展終於走上了快線。

我們可以用達爾文的自然選擇理論來理解細胞的意義。在細胞出現之前，自然選擇的對象是 RNA 核酶。哪個核酶分子能夠更好地利用能量完成自我複製，能夠複製得足夠快以便逃脱意外事故，能夠複製得足夠精確以保留自身的優良特性，但是又能允許微小的錯誤以適應多變的環境，哪個核酶分子就能夠活下來，還能「子孫」繁盛，甚至統治整個地球的海洋。但是無論如何，統治地球的不過是一些能夠自我複製的生物分子而已，它們可能長度不同，化學組成不同，對水溫和酸鹼度的適應能力不同。但是在此之外，它們能做的事情非常有限。

而在細胞出現後，細胞自然而然地成了自然選擇的對象。在這個背景下，細胞內部的生物化學反應具備了更大的自由度。在細胞出現之前，由一個分子構成的地球生命始終行走在刀鋒邊緣，一丁點錯誤都會讓它們掉入萬劫不復的深淵，實在沒有甚麼閃轉騰挪的空間。而在細胞出現之後，由億萬個分子構成的地球生命可以實現近乎無窮的排列組合，在任一種環境下，任一個時空裏，都一定有許多組合能夠讓它活下來。因此我們可以想像，在同樣的環境壓力下，細胞生命有更多的機會演化出五花八門的生命形態。這也是為甚麼在今天的地球上，在人類肉眼看不到的地方，生活着僅有一兩個微米大小的細菌，也生活着直徑上百微米的巨型阿米巴蟲；生活着利用太陽能製造 ATP 和生命物質的藍藻，也生活着靠吞噬動物腸道裏的營養物質為生的大腸桿菌；生活着擺動纖毛在水中游動捕食的草履蟲，也生活着抱着一大串磁鐵能夠定位磁場的趨磁細菌。它們僅有的共同點，可能就是利用能量、自我複製和細胞膜這層「分離之牆」。在此基礎之上，生命擁有無限的想像空間。

換句話說，有了這道「分離之牆」，才有了我們接下來的美妙故事。讓我們繼續探索，好好看看這四十億年的演化呈現給我們的無窮的想像空間吧。

第 5 章

分工：偉大的分道揚鑣

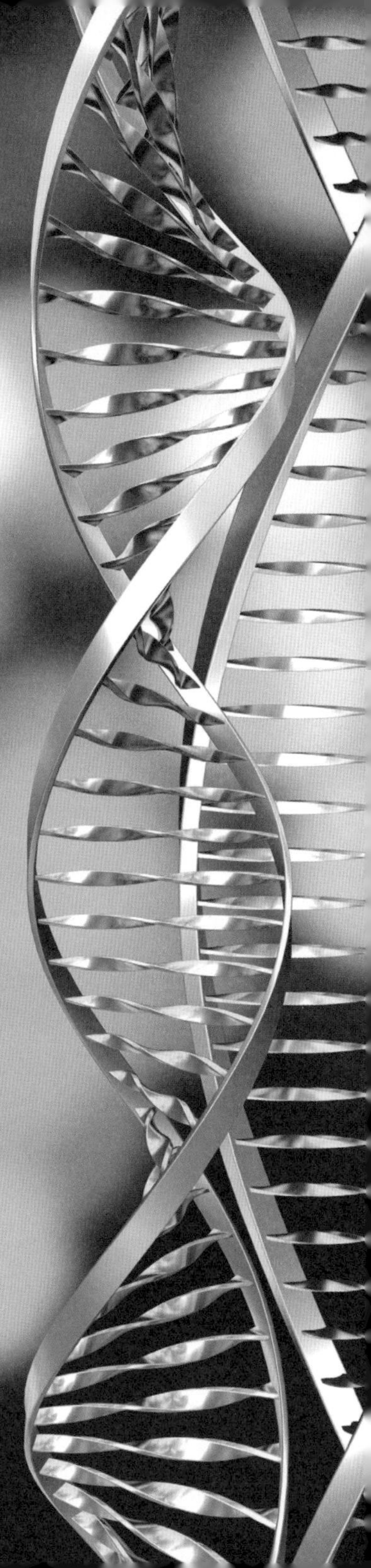

能量在混亂無序的大自然中建立了輝煌有序的生命大廈，自我複製保證了生命能夠抵抗漫漫歷史長河中的衰退和凋謝，「分離之牆」則讓兩者合二為一，為地球生命找到了一個足以安身的小窩。有了這三條要素，地球生命數十億年的壯麗演化看起來水到渠成。

但是，你可能已經注意到了，在這三個約束條件下發展起來的地球生命完全可以停留在非常簡單的形態中。就像我們前面的故事裏講的那樣，一層薄薄的細胞膜包裹住生命所需的一切元素——從遺傳物質 DNA 或者 RNA，到推動各種生命現象運轉的蛋白質分子，從水到各種各樣的金屬離子，等等。實際上，即使在今天的地球上，地球生物圈的主宰都還是最簡單的僅有一個細胞的生物——細菌、真菌和古細菌。在單細胞生命出現和繁盛之後，到底是甚麼力量催生了更為複雜的地球生命呢？

很多讀者會自然地想像，高度發達、成功繁衍的生物一定是複雜的；或者反過來説，為了搶佔地球生物圈裏有限的資源和棲息地，地球生命「不得不」演化出更多的機能，也就是説，變得複雜。我們日常生活中的觀察很可能會強化這種誤解：蒲公英利用風力把掛着小傘的種子撒向四面八方，向日葵能調整花的方向更好地面對太陽，我們養的金魚能在水中輕快敏捷地游向拋到水中的魚食，更不要説看起來霸佔了整個生物圈的人類，僅僅利用頭腦的力量就上天入地下海，無所不能。這些讓人嘆為觀止的生命奇觀都需要複雜精巧的生物結構。中學課本上有句老話，説演化就是「從簡單到複雜」，聽起來似乎一點也沒錯。因為只有複雜的生物才能實現複雜的生物功能，才能在地球上成功地生存和繁殖後代嘛。

但是如果從整個生物演化歷史、整個地球生物圈的時空尺度來看，「成功」的生物還真的和複雜程度沒有甚麼必然的關係。不管從哪個尺度衡量，地球上最成功的生物仍舊是那些人眼看都看不見的單細胞生物。論數量，全世界有七十多億人、二百多億隻雞（拜熱愛肉食的人類所賜）、上千萬億隻螞蟻，而僅僅是單細胞細菌就有 1,030 個。論總重量，地球人類和地球螞蟻都有差不多一億噸，細菌則有三五千億噸重。論物種的豐富程度，七十多億地球人同屬人屬智人種，而整個人屬生物成功存活到今天的僅僅是智人這一個物種而已，我們連兄弟姐妹都沒有。而單細胞生物呢？真菌就有六十多萬種，而細菌的物種總數到今天仍然是一筆糊塗賬。有科學家推測，少說得有一萬種，而有的科學家則覺得一勺泥土裏可能就有這麼多細菌物種！

即使拋開這些粗糙的宏觀指標不談，僅僅看地球生命的三個約束條件呢？人體和細菌都是由細胞構成的，兩者無非是「分離之牆」細胞膜的物質組成有些區別。比較利用能量的效率，小小的細菌和地球人類難分軒輊。要是比自我複製的速度，前者更是遠勝後者。論及出身的話，先不說人類，就算是在最早的多細胞生物出現之前，單細胞生物曾經孤獨地統治地球二十多億年。而我們熟悉的恐龍、哺乳類和開花植物在地球上的生存期僅有短短幾億年。論生存空間，在地球生物圈所有能想像的地方——哪怕是暗無天日的深海、氧氣稀薄的萬米高空、終日冒着煙霧的熱泉——都能找到單細胞生物的蹤影。地球人類總喜歡拿走出地球、走向宇宙來標榜自身的智慧，可是我們也知道，早就有數不清的細菌附在人類航天器的外殼上飛向了宇宙，並且它們還確確實實可以在無氧、溫度變化劇烈、充斥着宇宙射線照射的環境裏生存！

吃還是被吃？

和很多人的想像不同，渺小簡單的單細胞生物（大多數時候僅有幾微米到幾十微米大小）卻可以實現相當複雜的功能。許多單細胞生物可以利用長長的鞭毛驅動自身運動，有些單細胞生物（例如藍藻和草履蟲）甚至有了非常原始的光感覺系統。

因此，問題其實可以反過來問：既然單細胞生命如此古老，如此頑強，如此富有生命力，那麼更複雜的生物為甚麼會產生？是如何產生的？為甚麼在產生之後也會繁盛至今？這是一種歷史的必然，還是漫長演化史中一片偶然的漣漪？

毫無疑問，複雜生命出現的第一步，是從單個細胞組成的生命，到許多個細胞黏連在一起形成的多細胞生命。一個本質性的約束在於，單細胞生命不可能長到無限大。一般而言，單細胞生物的直徑在幾微米到幾十微米之間，只有在某些極其罕見的環境中才會存在體積非常龐大（相對而言）的單細胞生物，例如在深海一萬多米下的馬里亞納海溝發現的古怪生物，單個細胞甚至可以長到大小 10 厘米的尺度！

為甚麼單個細胞的體積看起來有一種無形的約束呢？一個關鍵原因是物質交換的壓力。在「分離之牆」的故事裏我們已經説明，隔絕生命和環境的細胞膜同時也為生命與環境之間進行物質交換提供了通道：營養物質需要進入細胞，生命活動產生的廢物需要離開。而細胞如果變得太大，那麼相對它的內容物來説，細胞膜就太小了。比如，如果一個細胞的直徑擴大一倍，那麼體積就會變為之前的八倍，但是細胞膜的表面積卻僅僅擴大為原來的四倍。也就是説，在這個大號細胞裏，細胞膜進行物質交換的壓力就大了一倍。

而另一個關鍵原因則是物質生產的壓力。我們知道，生命現象需要蛋白質分子的驅動，而蛋白質合成需要遺傳物質 DNA 作為模板。在大號的單細胞生命中，對於蛋白質分子的需求會以直徑的三次方的速度增加，但是 DNA 模板卻永遠都只有那麼一套。也就是説，大號細胞會對 DNA → RNA →蛋白質的工作效率提出離譜的要求。

這兩個原因加起來，應該能夠解釋為甚麼絕大多數單細胞生物都生活在人眼不及的微觀尺度中了。也是同樣的原因，如果生命想要實現更複雜的功能（我們暫且不討論為甚麼生命需要這些功能），唯一的辦法就是增加身體內細胞的數量，讓更多的細胞，而不是個頭更大的細胞，去完成這些複雜的功能。

這個目標具體怎麼實現呢？

我們必須強調，至少在純粹的技術層面上，單細胞生命演變成多細胞生命並沒有甚麼出奇複雜的地方，實現起來也挺簡單的。在「分離之牆」的故事裏，我們講過，在細胞生命出現後，細胞就成了生命複製繁衍的基本單元。單細胞生物長大變長，完整地複製一套攜帶所有遺傳信息的 DNA 密碼本。之後，單細胞生物從中斷裂開來，一分為二，各執一份 DNA 密碼本，變成兩個大多數時候都一模一樣的後代細胞。兩個後代細胞徹底分離，各自獨立生活，再一次開啟遺傳物質複製—細胞分裂—後代細胞分離的循環。從某種意義上說，地球上現在活着的所有單細胞生物，都可以回溯到一個從億萬年前就開始分裂不休的英雄「母親」。

在這個遺傳物質複製—細胞分裂—後代細胞分離的無限循環支持下，單細胞生物想要變成多細胞生物就很簡單了。理論上說，只需要保留複製—分裂的步驟，讓分離這一步無法進行就可以了。這樣，單細胞「母親」仍然可以源源不斷地複製出大量的後代來，但是這些後代總是牢牢地結合在一起無法分離，一個最原始的多細胞生物不就製造出來了嗎？

事實上，地球上的多細胞生物很可能真是這麼來的。當然，我們無法乘坐時光機器，親自去查看多細胞生物的祖先是何時何地從單細胞生物衍生而來的。但是通過分析現存多細胞生物的基因組信息，我們能夠推斷，單細胞生物到多細胞生物的變化在整個演化史上至少反覆和獨立出現了 46 次，這也間接地說明了讓後代細胞從彼此分離變成相互結合並沒有難以逾越的門檻。

今天我們已經能在實驗室裏重現這個現象。科學家發現，僅僅需要改變 DNA 密碼本的一個字母（也就是 DNA 鏈條上的一個核苷酸的身份），就能夠讓一種單細胞生物變成雪花狀的多細胞生物。説得更技術一點，單細胞生命的兩個後代在剛剛分裂完成的時候總是黏連在一起的。演化的力量只需要在兩個後代細胞之間的連接處動動手腳，讓兩個後代細胞「黏連」得更緊一點，不那麼容易分開，多細胞生命的出現就水到渠成了（見圖 5-1）。

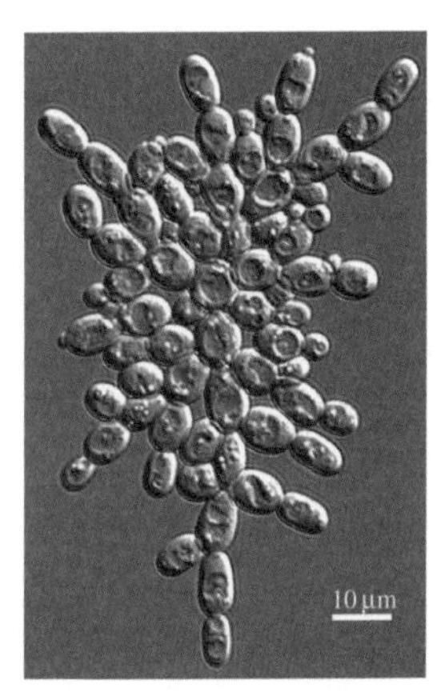

圖 5-1　攜帶 ACE2 遺傳突變、具備多細胞形態的酵母。廣泛用於釀酒和發麵的釀酒酵母（*saccharomyces cerevisiae*）是一種典型的單細胞生物。科學家發現，僅僅需要突變酵母的一個名為 ACE2 的基因，就能夠讓酵母分裂而不分離，形成雪花狀的多細胞形態。當然，我們並沒有任何證據證明我們的祖先也是這樣從單細胞演變而來的，但是這個實驗確實説明，單細胞到多細胞生物的演化並沒有很高的門檻。

一旦跨過單細胞與多細胞生物之間的門檻，帶來的直接好處是顯而易見的（當然，同樣明顯的還有它的壞處，這裏就不多展開了）。一個非常直白的好處和「吃」與「被吃」有關。

是的，在地球生物圈裏只有看似無聊的單細胞生物的時候，「吃」和「被吃」這兩件事就已經出現了。就拿初中生物課上就已經提及的單細胞生物——草履蟲來説吧，它是一種（更準確地説是一類）兩三百微米長、長得像一隻草鞋鞋底的單細胞生物。這種長相怪異的單細胞生物靠細胞膜上密密麻麻的短毛划水游動，靠捕獵其他體形更小的單細胞生物過活。它們的食譜裏包括細菌、綠藻和酵母。

一個自然而然的想法就是，如果複製－分裂後的細胞不再分開，而是始終黏連在一起，那麼這樣的生命體形會更大，相對而言也就不那麼容易被吃掉了。而反過來似乎也說得通：在這種情形下，如果獵手還希望填飽肚子，那麼它們自己也需要用同樣的方法變大，因為只有變大以後才可以去吃體形更大的食物。

有趣的是，這正反兩方面的例子都能找得到。拿前者來說，一個被反覆研究的物種是小球藻（*chlorella vulgaris*）。這是一種古老而典型的單細胞生物，在水中隨波逐流，自由生活，利用太陽光作為能量來源，通過細胞分裂的方式完成繁殖。但是如果在水中加入一種體形稍大、專門吃小球藻的鞭毛蟲（*ochromonas vallescia*），那麼僅僅需要一個月，繁殖十至二十代的時間，小球藻就能迅速演化出多細胞形態。在這些多

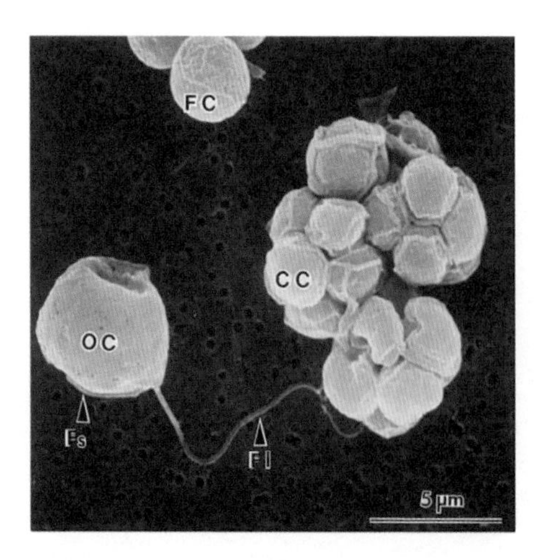

圖 5-2　為了抵抗捕食者，演化出八細胞形態的小球藻。其中，FC 是一個普通的、單細胞形態的小球藻。OC 則是一個長着鞭毛的小球藻捕食者——鞭毛蟲。可以看到，鞭毛蟲的體形大於小球藻，可以捕捉並吞噬小球藻。在危險的環境中，小球藻快速演化出了八細胞形態 CC。現在，它對於鞭毛蟲來說就成了無法下嘴的龐然大物。

細胞小球藻體內，八個細胞緊緊依靠在一起，外面包裹了一層厚厚的細胞壁（見圖 5-2）。很明顯，這種八細胞小球藻的尺寸大大超過了它們一貫畏懼的天敵鞭毛蟲，可以逃過被吃的命運。

而反過來，作為捕食者的鞭毛蟲居然也可以向多細胞形態演化。這個故事的主角是一類叫作領鞭毛蟲（choanoflagellate，見圖 5-3）的單細胞生物。這類看起來不起眼的水生生物，在演化史上卻是整個動物界的近親，和人類有着共同的祖先。作為介於單細胞和多細胞之間的物種，某些領鞭毛蟲（例如 salpingoeca rosetta）能夠自由游動，利用自己那根長長的可擺動的鞭毛游泳和覓食；而在某些情況下又可以自發形成多細胞聚集的結構。但是長期以來，人們並不知道這兩種狀態切換的原因是甚麼。

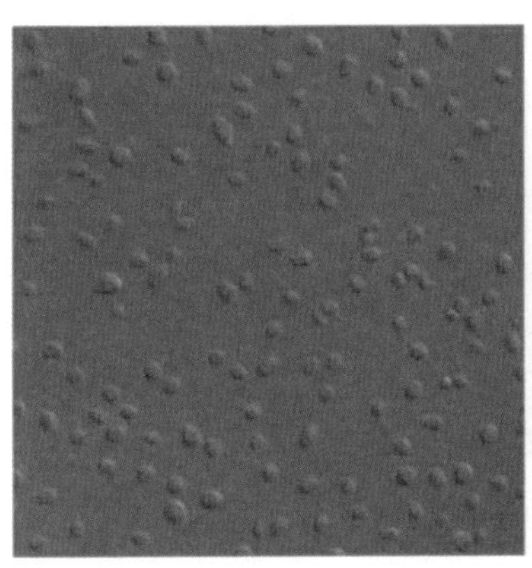

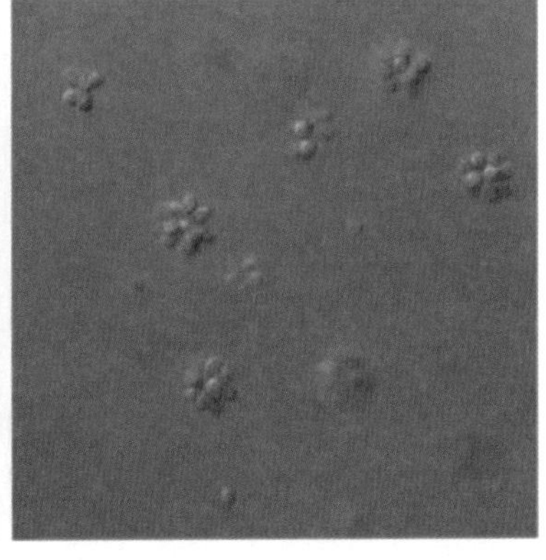

圖 5-3　在單細胞形態（左）和多細胞形態（右）中自由切換的領鞭毛蟲。

直到2005年，醉心於研究領鞭毛蟲的女科學家妮可·金（Nikole King）計劃對領鞭毛蟲進行全基因組測序，從而搞清楚這種微生物的細胞內究竟有多少基因，這些基因又是怎樣決定這種小生命的變身秘密的。為了準備對領鞭毛蟲樣品進行基因組測序，她的學生在養殖領鞭毛蟲的水缸裏加了一堆抗生素，希望殺死混跡其中的各種細菌，準備「乾淨」的樣品。結果，令人震驚的現象發生了，所有的多細胞態領鞭毛蟲就像聽到了解散口令，全部散夥變成了單細胞態的鞭毛蟲。這個意外的發現提示了一種有趣的可能性：生活環境中的某種細菌才是讓領鞭毛蟲切換到多細胞狀態的原因。因此，當抗生素殺死了這種未知的細菌時，多細胞領鞭毛蟲就消失了。

金所領導的實驗室經過進一步研究，還找到了引發這種變化的分子開關——一種細菌產生的磺酸脂。更妙的是，這種細菌恰恰就是領鞭毛蟲的天然食物。因此，我們順理成章地總結出以下的邏輯：領鞭毛蟲的多細胞態很可能就是為了捕獲細菌美食而存在的，這種大個的「吞噬者」形態會對小小的細菌形成泰山壓頂的巨大優勢。而如果食物不存在，這種笨拙的形態也就失去了生存優勢，會被更加自由和靈活的單細胞狀態所取代。

在這兩個例子裏，我們能夠直覺感受到「吃」和「被吃」在多細胞生物這種稱得上是最簡單的「複雜生命」形成中的深遠意義。實際上，確實有很多科學家猜測，早期的地球生物圈是和平的、穩定的，當然也是無趣的。那時候，原始海洋裏遍佈各種微小的單細胞生物，它們要麼慵懶地漂浮在海洋表面，利用太陽光的能量驅動小小的生命，要麼深藏在海底的熱泉噴口。

多細胞生物的出現又一次加速了地球生命的發展。

最早的多細胞生物可能像我們的故事所言，僅僅具備尺寸上的優勢，但是「吃」和「被吃」之間的白熱化博弈就此拉開了序幕。捕食者變大了，那麼食物可能只有游得更快，躲得更隱蔽，對環境變化更敏感，才活得下去；反過來，捕食者就需要更狡猾，更敏捷，更強有力。多細胞生物的出現，就像一根魔法棒攪動了原始海洋。在吃別人和被別人吃的激烈博弈中，生命才如火山迸發一樣出現在這個地球上。

當然，也許單細胞到多細胞生物的轉折僅僅是出於「吃」的考量，但是在這一轉折真正發生以後，接下來發生的事情就只能用令人嘆為觀止來形容了。生命的多細胞形態賦予了地球生命無窮無盡的可能性。

這一切的基礎就是：分工。

分工：希望和代價

單細胞生物注定是多面手。至少，製造能量和自我複製就是兩個必不可少的功能。因此，有些單細胞生物（例如藍藻）能吸收和利用太陽能；有些單細胞生物（例如硫細菌）利用各式各樣的化學能；還有些單細胞生物（例如草履蟲和領鞭毛蟲）乾脆變成了微型捕食者，能夠尋找和吞噬比它個頭小的其他單細胞生物。而根據日常經驗，多面手往往意味着哪方面都不是頂尖的高手，就像足球場上的萬金油肯定成不了朗拿度，成不了施丹，也做不成舒米高。

多細胞生物的出現為精細分工和專精一業提供了無限的可能。如果多細胞生物不是簡單地堆疊起一堆一模一樣的單細胞，僅僅靠尺寸取勝，而是每個細胞都有點與眾不同的功能會怎樣？理論上說，一個三細胞生物就可以將自我複製、運動和獲取能量的功能完全分開。如果它的一個細胞長出一條長長的鞭毛用來游泳，一個細胞長出柔軟的嘴巴可以吞噬細菌，一個細胞專門負責不停地複製分裂以產生後代，這樣它生存和繁衍的效率得提高多少？

當然，這僅僅是一種理論上的猜測而已。生物演化不是搭樂高玩具，暫且不說這種怪裏怪氣的三細胞生物會不會在自然史上出現，即使是出現了也不一定會有甚麼生存優勢。但是多細胞分工的意義卻是實實在在的。

一個很有説服力的案例是運動和生殖的平衡。對於一個單細胞生物來説，運動和生殖還真的就是魚和熊掌不可兼得的兩種能力，至少不能同時具備。這裏的玄機在於，不管是生殖還是運動，本質上都需要將生物體儲存的能量轉換為力。在細胞分裂時，遺傳物質的移動和分配需要力，鞭毛的擺動當然也需要力。而在兩種看起來風馬牛不相及的生命活動背後，產生具體作用力的基本生物學機器其實是通用的。

具體來説，一種叫作微管的蛋白質可以在細胞內組裝長長的堅固的細絲。在細胞分裂的時候，長長的微管能夠把兩份一模一樣的 DNA 分別牽引到細胞的兩端，保證分裂出的後代都有一份珍貴的遺傳物質，而負責游泳的長長的鞭毛也是由微管形成的。

這個一物二用的思路是非常自然的，在生物演化的歷史上出現過許多次舊物新用的情景。畢竟，為已經存在的蛋白質安排一個新功能，要比演化出一個全新的蛋白質容易得多。但是一物二用也產生了魚和熊掌不可兼得的矛盾，單細胞生物在游泳的時候就沒辦法分裂，在分裂的時候就不能覓食。可想而知，如果運動和生殖機能能夠徹底分工，一部份細胞專門負責運動，另一部份專門負責生殖，這樣一來，兩種極端重要的生物學功能就不需要互相干擾了——當然，這一點只有在多細胞生物中才可以實現。

一種叫作團藻的多細胞生物非常生動地説明了運動和生殖分工的優勢。這種非常原始的生物完美地詮釋了「食色，性也」這句老話。每個多細胞團藻中有且僅有兩種細胞形態——數萬個個頭較小、長着鞭毛的體細胞和十幾個個頭很大、沒有鞭毛、專門負責複製和分裂的生殖細胞（見圖 5-4）。體細胞組成了一個大大的球體，數萬根鞭毛的規律擺動讓團藻可以在水中輕捷地運動，而被保護在內部的生殖細胞就可以毫不停歇地專心複製、分裂進行繁殖。

當然，團藻的細胞分工是非常粗淺的，但是運動和生殖的分工卻可能代表着地球生物演化歷程中最基本也是最重要的一次分工。在團藻的身後，多細胞生物的組成單元被永久性地區分成了專門負責產生後代和專門負責維持生存的兩種細胞（見圖 5-5）。生殖細胞（也就是專門負責產生後代的細胞）從某種

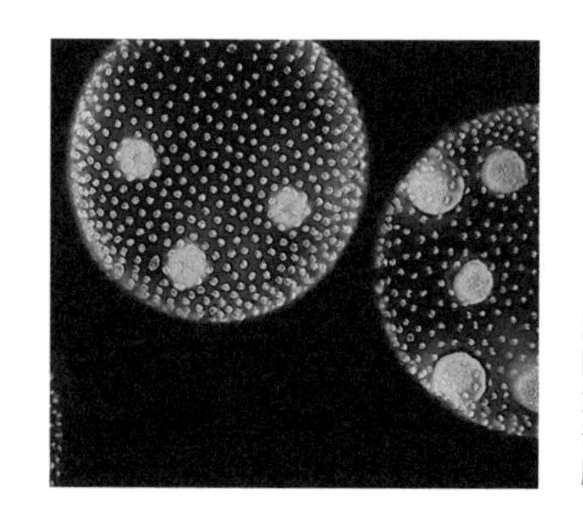

圖 5-4　年輕的團藻個體。淺色的小點是團藻數以萬計的、長着鞭毛的體細胞，負責運動；深綠色的大團則是埋在團藻球內部的少數藻胞，專司生殖。團藻是研究細胞最初分工的絕佳樣本。

程度上依然保持着單細胞生物的本質。它們有機會永生不死，可以持久地分裂複製，按照自己的樣子製造出一個又一個後代，它們的後代又依葫蘆畫瓢，繼續自我複製和分裂。而除了生殖細胞之外，所有負責維持生存的細胞（也就是體細胞）都注定轉瞬即逝。它們在誕生後只有至多一個生物世代的壽命。當一個多細胞生命死去的時候，它所攜帶的所有體細胞都會隨之煙

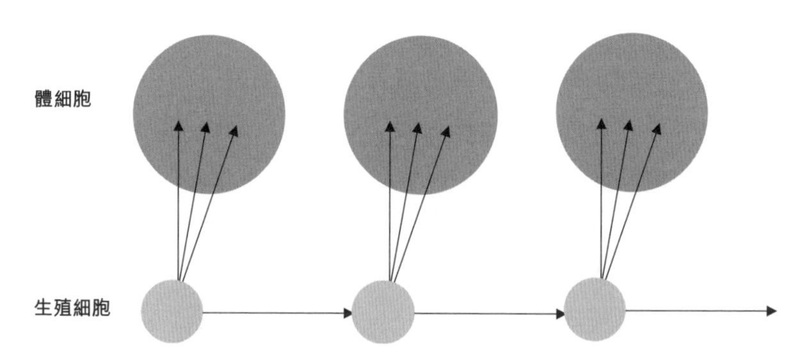

圖 5-5　體細胞（紅色）和生殖細胞（黃色）的分道揚鑣。

消雲散。

這場開始於十幾億年前的分道揚鑣，產生了兩個意義深長的結果——當然，這取決於你站在甚麼立場。

如果站在單個細胞的立場上，細胞分化可以看成是一種「階級壓迫」。我們説過，分工的代價是一部份細胞永生不死，而另一部份細胞永久性地喪失了繁殖的權利，只能在生命個體的短暫生存期內勤勉工作。這當然是一種巨大的不平等——如果體細胞也會有平等概念的話。從某種意義上説，分工對於生命本身的意義，是通過大量細胞自我「犧牲」實現的，是它們為永生不死的生殖細胞創造了生存空間。這種巨大的不平等當然蘊含着危機：萬一突然出現一個不願意犧牲的細胞怎麼辦？

舉個看得見摸得着的例子吧。大家小時候可能都觀察過螞蟻。可能也都知道，一個螞蟻群體裏僅有一隻雌性（也就是蟻后）可以繁殖後代，其他的雌性都是為了保障蟻后的生存而活着的：工蟻負責覓食和照顧蟻后的後代，兵蟻負責抵抗外敵入侵，等等。就像體細胞一樣，工蟻和兵蟻也失去了繁殖的權利。當然，群體遺傳學可以幫助我們解釋這種奇怪的利他行為：工蟻和兵蟻的遺傳物質和蟻后幾乎一樣，因此幫助蟻后繁殖就等於傳遞自身的遺傳信息。但是我們從邏輯上可以做如下推測：如果有一隻工蟻哪天突然意識到自己為蟻后服務是「不平等」的，是一種殘忍的「犧牲」，自己完全可以尋找合適的交配伴侶直接產生後代，那麼先不管這隻工蟻能不能如願以償，至少牠所在的那個螞蟻社會很可能就此分崩離析。

最早的多細胞生物也面臨同樣的麻煩。當然，不管是細胞還是螞蟻，牠們都沒有真正的能力去主動作出「選擇」，但是遺傳突變和自然選擇可以起到同樣的作用。還是以團藻為例，如果在某一個團藻體內，某個長着鞭毛的體細胞產生了一個遺傳突變，讓它重新具備了分裂繁殖和分離的能力，那麼這個不安份的體細胞就會立刻在幾萬個勤勤懇懇游泳的體細胞中脱穎而出——只有它才有機會留下自己的直系後代。如果它的單細胞後代能夠順利存活，那麼這個偶然出現的新的單細胞生命就可以反過來和那些多細胞狀態的親戚競爭，甚至打敗它們。這樣一來，多細胞生命就會重新退回到單細胞狀態。

這可能是多細胞生物在演化史上獨立出現了那麼多次，但是其中的大多數都沒有後代活到今天的原因。換句話説，作為偉大分工的代價，多細胞生物要面對一個永恒的難題：如何預防、壓制和懲罰那些不願意接受既定分工、特別希望重新擁有繁殖能力的細胞？

最能説明這個棘手問題的可能就是癌症了。癌症的源頭，正是某些本該循規蹈矩地完成它的使命、幫助人體健康存活的體細胞，由於遺傳突變，突然重新獲得了瘋狂自我複製進行繁殖的能力（見圖 5-6）。當然，人體已經演化出了極強的糾正和懲罰這些不聽話細胞的能力。大部份偶然的遺傳突變能夠被細胞自身修復，大部份已經開始不聽話的癌變細胞也能被免疫系統找到並殺死。但是時不時仍會有一些細胞不惜以破壞整個生命體的健康乃至生命為代價，滿足自身複製進行繁殖的本能。想想看吧，人類和所有動物的祖先早在十幾億年前就已經完成了體細胞和生殖細胞那次偉大的分道揚鑣，從那時起，這種分工就被持續不斷地完善和強化。但仍然有細胞會利用一切機會，抵抗和逃脱這億萬年演化形成的枷鎖，頑固地表現出自我繁殖的本能。

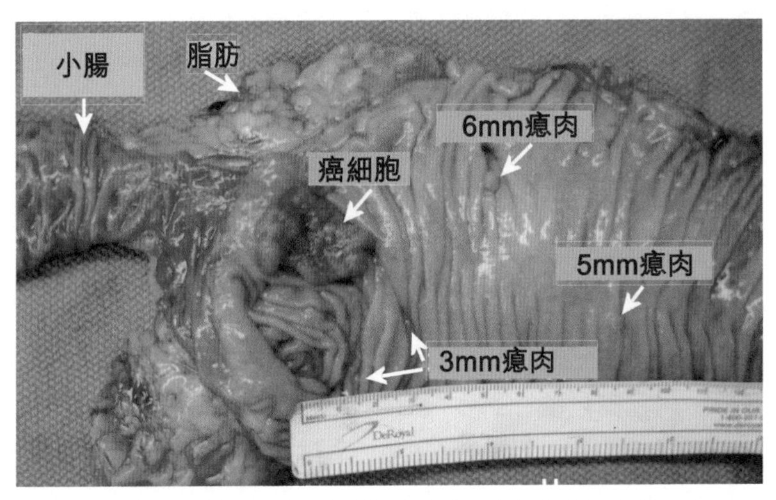

圖 5-6　人類大腸癌的樣本。在大腸內壁上，部份細胞不受控制地生長，長出了一顆巨大的肉瘤。從某種意義上説，繁殖是所有細胞的本能。如果這一本能頑強地逃脱了身體（例如免疫系統）的管控，癌症就會出現。

可以讓我們稍微鬆一口氣的是，發生在體細胞中的癌變，其影響力也是有限的，至多危害這個個體自身的健康和生命，不會真的造成整個多細胞生命譜系的崩塌。我們剛剛描述的不聽話的團藻細胞，不太可能會在人體中出現。但是還真的有些癌細胞能夠利用讓人嘆為觀止的方法得到永生。

例如在犬科動物之間傳播的一種腫瘤：犬類生殖器傳染性腫瘤（canine transmissible venereal tumor）。人們早在 130 年前就發現了這種腫瘤。因為它的傳染性，人們一直以為它就是一種病毒引起的腫瘤：狗狗之間交配導致了這種未知病毒的傳播，而病毒感染能夠讓狗狗得癌症。但是人們最終發現，其實壓根兒就沒有甚麼未知病毒，癌症也不是由外源的病毒引起的。腫瘤傳播的媒介就是腫瘤自己！這種腫瘤生長在狗的生殖器附近。在狗狗交配時，極小量的腫瘤細胞剝離脱落，在親密接觸中直接進入另一隻狗的生殖器，進而附着、分裂、繁殖和傳播。

這種腫瘤顯然是狗自身的體細胞遺傳突變形成的。據科學家推測，可能在幾百到幾千年前，一隻狼或者東亞狗生殖器附近的某一個體細胞壓抑不住繁殖的本能，一次偶然的遺傳突變讓它重新開始分裂繁殖。這個僥倖逃脱了免疫系統懲罰的「不聽話」的細胞，從此獲得了永生，而且隨着犬科動物之間的交配讓子孫後代遍佈世界各個大陸，這顯然是一種極其成功的生存策略。

從這個小小的例子中，我們大約能夠又一次確信，包括人類在內的所有多細胞生物，與單個細胞頑強的生存和繁殖「意志」之間的戰鬥，將會永遠繼續下去。而這可能是所有複雜生命必須承擔的代價。

從細胞分工到君臨地球

當然，複雜生命「願意」承擔這樣的高昂代價不是沒有原因的。這就要説到第二種看待細胞分化的角度了。站在複雜生

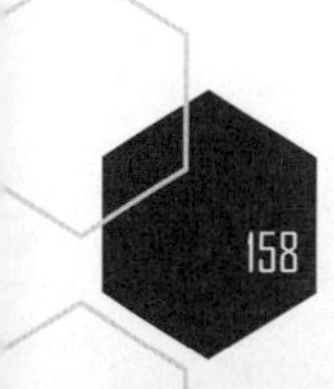

命自身的立場上，細胞分化的好處大到無法捨棄。歷經數十億年的演化，多細胞生物之所以仍然能夠屹立不倒，沒有被前面所說的沉重代價壓垮，甚至還出現了地球人類這樣開始嘗試統治地球生物圈的智慧生命，肯定有簡單的單細胞生命難以企及之處。

一言以蔽之，分工為地球生命更複雜的功能分化提供了基礎。

體細胞永久性地失去了生殖能力，因此也就不需要擔心為分裂增殖需要保持甚麼樣的形態、合成甚麼樣的蛋白質，或者維持多長的壽命。這給了它們足夠的空間演化出花樣繁多的形態和功能。我們的身體裏有兩百多種巧奪天工的細胞類型，牠們之間的差異大到看起來都不像是同一種東西，但正是它們之間的精妙配合維持着我們的生存和繁衍。

還是舉幾個例子吧。大家可能都知道，彎彎曲曲的小腸是人體吸收營養物質最重要的器官。當營養物質經過小腸的時候，氨基酸、脂肪酸、葡萄糖等分子可以穿過小腸內壁的細胞進入身體的循環系統。因此，小腸內壁的細胞有兩個獨特的性質。首先，牠們彼此間緊密連接，相鄰的兩個小腸上皮細胞（見圖5-7）之間由大量的蛋白質「鉚釘」緊緊綁定在一起，構成了小腸內容物和身體循環系統之間的屏障，阻止小腸內部的食物殘渣和細菌進入人體。其次，小腸上皮細胞向內的一側還長出了密密麻麻的凸起，以增加和營養物質的接觸面積，提高吸收營養物質的能力。

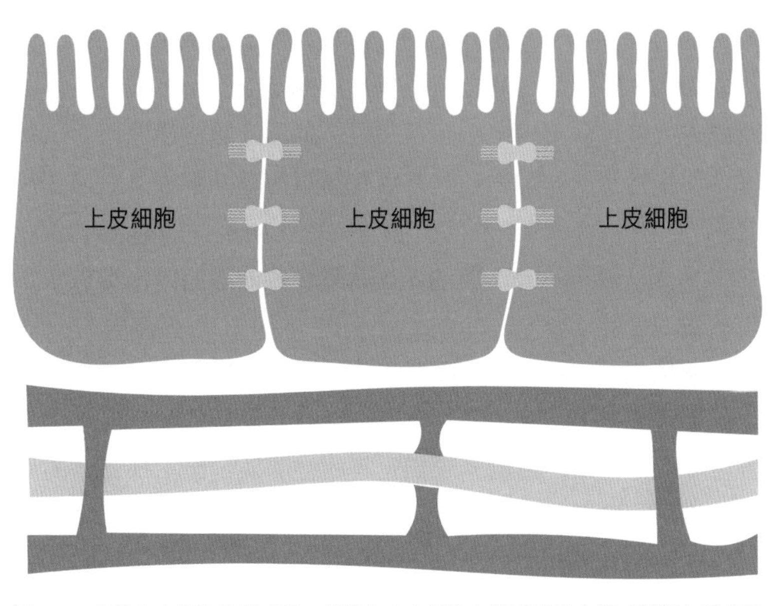

圖 5-7　小腸上皮細胞的模式圖。相鄰的上皮細胞之間通過蛋白質「鉚釘」形成了緻密的連接，起到了屏障作用。而上皮細胞絨毛狀的凸起則增強了吸收營養物質的能力。可以想像，這種高度特化的細胞失去了分裂增殖的能力。

根據這兩個特性我們可以推測，小腸上皮細胞的分裂增殖不是一件簡單的事情。如果上皮細胞隨意分裂，小腸的屏障和吸收功能必然會受到影響。如果細胞沿着水平方向分裂增殖，那麼在細胞分裂結束前後、緊密連接尚未形成時，就給了食物殘渣和細菌入侵人體的可乘之機。而如果細胞沿着垂直方向分裂，那麼分裂產生的子細胞就會遠離小腸內部，根本沒有接觸和吸收營養物質的能力。

實際上的確如此。絕大多數小腸上皮細胞根本就沒有繁殖能力，它們從出生的那刻起就不知疲倦地幫助人體吸收營養物質，直到四五天後細胞老化或破損，徹底消失。而小腸上皮細胞的補充僅僅發生在小腸上皮的凹陷處被稱為「腸隱窩」（crypt）的結構中。在這裏，上皮幹細胞能夠活躍地分裂增殖出新生的上皮細胞，而這些新生細胞則立刻開始沿着小腸內壁向外遷移，以替換衰老死亡的上皮細胞。也就是説，即使是在小腸上皮這種看起來結構和功能都相對單一的系統裏，也存在着不同細胞類型之間功能的取捨。為了更好地起到屏障和吸收營養的作用，絕大多數小腸上皮細胞也需要放棄自身分裂增殖的能力。

説到細胞功能分化，最極端的例子可能是紅血球。在包括人類在內的哺乳動物體內，紅血球乾脆就沒有細胞核和任何遺傳物質，也就是説，從根本上放棄了繁殖的能力。實際上，新生的紅血球是有細胞核的，但是在它們離開骨髓進入血液前後，紅血球會擠出細胞核，變成大家熟悉的中心薄、周圍厚的圓餅形狀。拋棄細胞核的好處是顯而易見的：這樣一來，紅血球就留出了更多的空間裝載血紅蛋白分子，從而可以一次運輸更多的氧氣分子。與此同時，沒有了細胞核的紅血球更加柔軟，遇到狹窄的毛細血管時可以輕鬆地變形通過。對於每一個紅血球個體來説，它們付出的代價是徹底斷了傳宗接代的念想，只能在大約四個月的短暫壽命裏機械地搬運氧氣分子。對於紅血球所服務的哺乳動物個體而言，則借此機會獲得了更充足的氧氣供應和更高效的末梢循環系統，同時還順便減少了紅血球癌變的風險。這些特性在漫長的演化史上，很可能會幫助哺乳動物跑得更快，活得更久，讓它們的子孫後代遍佈這個星球。

而偉大分工的輝煌頂點，可能就是人類的大腦和人類的智慧。

在地球人類的大腦裏密佈着高度特化的神經細胞。早在一百多年前，西班牙科學家聖地亞哥·拉蒙－卡哈爾（Santiago Ramón y Cajal）就利用光學顯微鏡觀察到，人腦中遍佈着形態各異的神經細胞（見圖 5-8），它們往往一邊長着密密麻麻、狀如樹叢的凸起，另一邊伸展出一根長長的觸鬚。卡哈爾敏鋭地猜想，這些奇形怪狀的細胞很可能發揮着信息傳遞的功能：那些樹叢狀的凸起（他命名為「樹突」）很可能用來接收來自其他神經細胞的信號，而那一根長長的觸鬚（他命名為「軸突」）則很可能用來向更多的神經細胞發送信號。

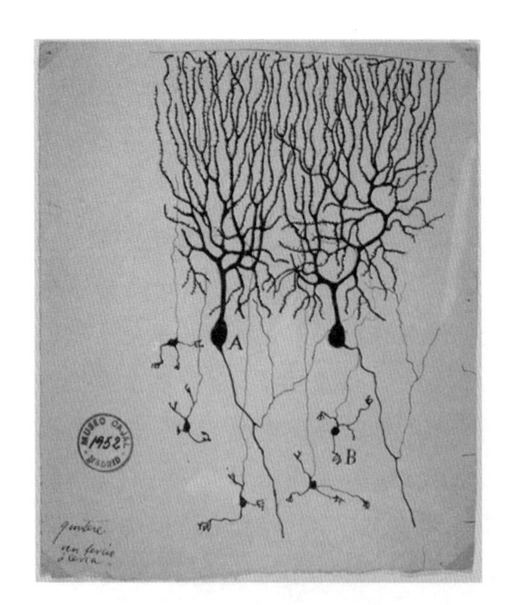

圖 5-8　卡哈爾繪製的鴿子小腦浦肯野細胞（A）。這種細胞有着密密麻麻的樹突和長長的軸突。

神經信號傳遞的本質在 20 世紀中葉逐步得到揭示：神經細胞的細胞膜上分佈着數種奇特的蛋白質分子。這些蛋白質分子像閘門一樣開合，改變了細胞內外帶電離子的流動，從而產生了微弱的電信號。這種電信號可以沿着神經細胞的凸起方向高速運動，實現信息的遠距離輸送。在人類大腦中，千億數量級的神經細胞緊密纏繞，通過千萬億數量級的海量連接形成了密如蛛網的系統（見圖 5-9）。我們可以想像，這些細胞電信號的強弱和頻率，以及彼此之間的連接方式和相互影響，構成了一個巨大的計算網絡，從中湧現出人類的感覺、情感、記憶和思想。

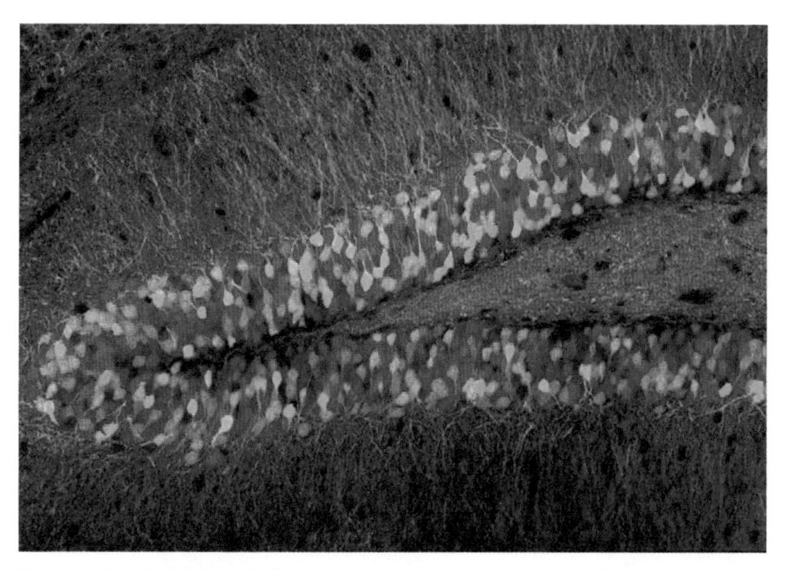

圖 5-9　小鼠大腦海馬區齒狀回的神經細胞染色圖。神經細胞被數種不同的熒光染料隨機標記，呈現出花樣繁多的色彩組合。這種名為「腦彩虹」的技術生動地展示了大腦的複雜和精細。我們有理由相信，高度複雜的神經網絡正是人類智慧的本源。

在接下來的章節裏，我們會花更多的時間講述人類智慧的生物學。在這裏首先想要提醒大家注意的是，在絕大多數時間裏，成熟的神經細胞都喪失了繼續分裂增殖的能力。只有這樣，神經細胞獨特的形態、神經細胞的信號特徵、神經細胞之間形成的計算網絡才能夠得到維持。也只有這樣，我們才能牢牢記住我們是誰、住在哪裏、前一天遇到過甚麼危險，我們才能積累知識，形成穩定的人格，組成複雜的團體和社會。

也就是說，億萬年前那次偉大的分道揚鑣，不僅僅奠定了複雜生命的基礎，而且開啟了通向人類智慧的大門！

第 6 章

感覺：世界的模樣

細胞的出現加速了自然選擇，細胞的分化則催生了人類智慧。

我們總是喜歡帶着點淡淡的優越感説，人類這種相對跑得不快、跳得不高、不怎麼會游泳、力氣也不大的生物能夠君臨地球生物圈，靠的是獨一無二的人類智慧。但是，「智慧」到底是怎麼一回事呢？

老實説，「智慧」這個詞可能還是太過宏大和複雜了。到了今天，儘管絕大多數科學家和稍具科學知識的人們都會天然相信，像思考、學習回憶、喜怒哀樂、交友這樣的智力活動，終極秘密都來自於我們獨一無二的腦袋，但是我們還沒有真的搞清楚這顆腦袋究竟是怎樣決定我們豐富多彩的智慧的——而且距離真相還非常遙遠。甚至還流傳着這麼一句帶着點陰暗色彩的斷言：如果我們人類的大腦真的那麼簡單，那麼容易理解，那如此簡單的一顆大腦根本就不可能做到理解自己！①

如果稍稍後退一步，我們或許可以把智慧簡單理解成一種個體和環境互動的方式。首先是捕捉信息：通過感覺系統，我們看到花紅柳綠，聽到虎嘯龍吟，觸摸到愛人的肌膚，知道自己身處怎樣的世界。然後是積累經驗：我們從環境中發現新鮮事物，總結規律，學習知識和技巧，這些信息成為我們獨特的經驗和記憶，幫助我們更好地生存和繁衍。其次，還包括個體之間的互動：面對危險艱苦的大自然，人類的個體聚集成了社群和團體，形成了共同的文化，發展出了複雜的語言，這讓我

---

① If our brains were simple enough for us to understand them, we'd be so simple that we couldn't.

們在環境中更有力量。最後是每個個體對自我的認知：在群體中的每個人，仍舊是有着鮮明特點和自我意識的個體。獨特的生物學背景、不同的成長經歷和經驗積累，讓我們作出了獨一無二的行為選擇。

不管是感覺還是學習，是社群還是自我，人類和環境互動的方式都異常複雜，但這並不意味着我們對人類大腦的工作原理一無所知。根據從靈魂論和活力論一路演變而來的經驗和世界觀，我們至少不用懷疑，大腦的工作原理再複雜難解，也必然是物質的，是符合邏輯的，是能夠用科學方法探究的。

無論在DNA密碼中、在細胞內部、在細胞和細胞的連接處，還是在身體的某個組織和器官裏，在大腦神經細胞的細密連接中，我們都在緩慢接近人類智慧的物質本源。儘管征程尚遠，但沿途仍然有無盡的美妙風景和英雄傳説。

上帝説：「要有光！」

毫無疑問，感知外部世界的能力是生命和環境互動的基礎。就拿簡單的細菌來説，依靠光吃飯的藍藻需要知道光的方向和強弱，以化學物質為生的細菌需要找到化學物質「食物」所在的方位，特殊的趨磁細菌能夠利用身體裏的小磁鐵感知地球磁場的方向。這些能力是它們生存所必需的。

而複雜生命對於環境的感知就更加豐富和精細了。我們都知道人類的五感：視覺、聽覺、味覺、嗅覺和觸覺。實際上，人類能感知的環境信息豐富多樣，絕非區區五感所能概括。比如，除了五感之外，我們可以感知溫度高低，感知乾濕，感知疼痛和瘙癢，感知自己的身體位置（即本體感，我們閉上眼睛以後也可以用指尖準確地戳到鼻子，就是靠這種感覺），感知身體內在的需求（例如飢、渴、性慾），等等。這些複雜的感覺輸入，在人類大腦中重新整合，構造出了一個虛擬但活色生香的世界。

正是因為感覺輸入可以如此豐富多彩，才催生了一個著名的思想實驗，反過來挑戰客觀世界的真實性。這個思想實驗叫「缸中之腦」（見圖 6-1）。哲學家希拉里・普特南（Hilary Putnam）在《理性，真理與歷史》（*Reason, Truth, and History*）一書中闡述了一個假想：如果把一顆人腦放進一缸培養液裏，然後借助超級電腦和各種複雜的電信號，通過神經系統向大腦輸送各種虛擬的感覺信息，那麼這顆大腦能否判斷自己到底是在經歷真實的物質世界，還是生活在虛擬現實中？或者反過來想像，我們到底能不能判斷自己接觸到的外在世界是真實存在的，還是一個更高級的文明為我們創造的虛擬現實？當然，缸中之腦問題的核心是對客觀真實性的哲學思考。但是這個問題之所以能夠存在，顯然是因為對於智慧生命而言，感覺輸入能夠逼真和高效地採集環境信息，對智慧的產生有着無可替代的重要性。

圖 6-1　缸中之腦

我們繼續説感覺的工作原理。對於地球人類而言，在所有感覺中，視覺（也就是對光的感受）是我們與外部世界互動最重要的通道。在我們每天的日常生活中，超過 90% 的信息都是通過眼睛獲取的。相比其他感覺，視覺提供的信息是最豐富的，自然界有很多物體沒有氣味，也有很多物體沒有聲音，但是幾乎沒有不發光或者不反射光的絕對黑體。不僅如此，視覺提供的信息可能是最精確的，在地球大氣層中，光沿着幾乎完美的直線傳播，因此人類可以根據光的信息準確地判斷物體的遠近、大小和移動速度。無論對於人類而言，還是對於人類智慧而言，看得見都是至關重要的。

但我們到底是怎麼看見的呢？

在古代世界，不管是東方的墨子，還是西方的畢達哥拉斯和歐幾里得，都不約而同地思考過視覺的秘密，而且殊途同歸地給出了一個非常符合直覺的答案。在他們看來，人類的眼睛可能會發射某種光芒或者火燄，這些火光照射到物體上之後，能產生某種可以被眼睛感知的信號，從而讓我們產生視覺。毫無疑問，這種解釋來源於日常經驗。古代世界沒有路燈和霓虹燈，古人肯定有舉着火把夜行的經歷。在黑暗的叢林裏，熊熊火光照亮小路的場面一定讓他們難以忘懷。將眼睛類比為火把，將視覺類比為火燄照亮道路，看起來是個很自然的推理。

但是，眼睛主動發射信號的理論會遇到許多邏輯上的難題。既然眼睛能主動發光，那麼為甚麼人在黑暗中甚麼都看不到？如果眼睛真的可以照亮物體，那麼當好多人盯着同一個東西看時，這個東西豈不是會變得更明亮？當然，人們可以繼續修正這個理論來自圓其説。比如一個可能是，人眼發射的信號必須和物體天然發射或者反射的信號同時出現，這樣人眼才能看到東西。但是一個打滿補丁的理論實在是太反直覺了。因此，到了古羅馬時代，托勒密在集大成的《光學》一書中正式放棄了這種探照燈式的眼睛模型。他提出，眼睛的功能應該僅僅是被動地接收光線。所以，只有那些發光或者反射光的物體，才能被人眼捕捉到。

人眼到底是怎麼捕捉到光線的呢？如果僅僅從光學的角度來看，這個問題倒沒有特別困難。人們很早就通過解剖人體和動物，知道眼睛前方有一塊圓圓的、像放大鏡一樣中間厚周圍薄的透明物質（就是我們今天所説的晶狀體）。而放大鏡能夠聚焦光線則是托勒密時代已經知道的事情。那麼眼睛模型看起來就很簡單了：外部世界的光線進入眼睛，被放大鏡形狀的晶狀體聚焦和翻轉，投影到眼睛背後的一塊小熒幕上，於是我們就能看到東西了（見圖 6-2）。

但接下來我們才遇到了真正困難的問題。上面簡單的模型其實並沒有真正回答「我們怎麼看到東西」的問題，它只不過是把這個棘手的問題從眼睛外挪到了腦袋裏而已。因為，即使我們相信眼睛能夠把來自外部世界的光忠實地投影到眼睛裏面那塊小熒幕上，我們仍然沒有理解為甚麼當光線投射到那塊熒幕上，我們就「看」到光了？為甚麼一幅圖畫投射到熒幕上，我們就「看」到圖畫了？這個「看」的過程是如何發生的呢？換句話説，小熒幕上的光和圖畫是怎麼被我們的大腦知道的呢？

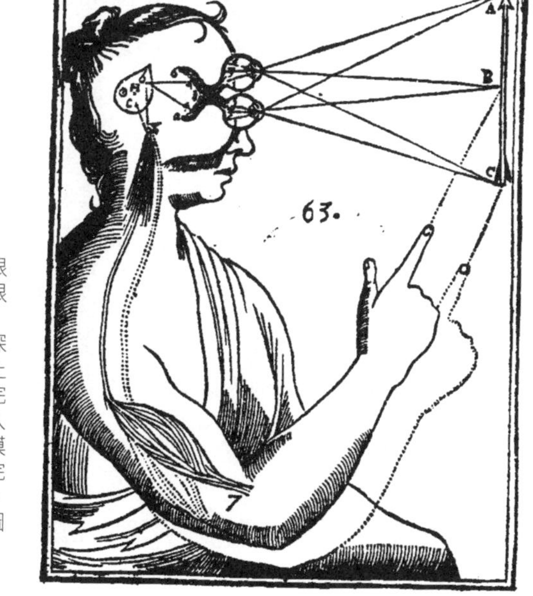

圖 6-2　笛卡兒繪製的眼睛光學模型。光線進入眼睛，被放大鏡（晶狀體）折射和聚焦後，在眼睛深處的小熒幕（視網膜）上呈現一幅倒立、縮小卻完整無缺的圖像，從而被人腦感覺到。當然，這個模型儘管接近真實，但是完全逃避了更基本的問題，也就是小熒幕上的那幅圖像是怎麼被人腦「感知」到的。

我們一步一步來討論這個問題。首要的問題是小熒幕自身是如何感知到光的。我們知道，這塊小熒幕（視網膜）和人體的其他器官一樣，也是由許多細胞組成的。那麼，問題就變成了這些組成視網膜的細胞是如何感知光線的。或者說，當外部世界的幾個光子遠道而來，經過放大鏡的聚焦，擊中視網膜上的某個細胞之後，這個細胞是怎麼知道的呢？

最初的線索來自 1877 年。在羅馬養病的德國科學家弗朗茲・鮑爾（Franz Boll）發現，新鮮解剖出來的青蛙視網膜在日光下呈現出鮮豔無比的紅色，但是很快就會褪色變黃，最終變得無色透明。起初鮑爾認為，這種變色現象也許是因為解剖出的視網膜在培養皿裏死亡變質了。但是他很快發現，如果把青蛙在強光下飼養一段時間，那麼新鮮解剖出的視網膜從一開始就是無色透明的；而如果把已經褪色的視網膜在黑暗中放一段時間，它會重新變成紅色。因此，視網膜中肯定有一種紅色的物質，它能夠吸收光從而褪色，也能夠在黑暗中恢復顏色。鮑爾大膽地猜測，也許視網膜就是靠這種紅色－無色－紅色的反覆循環來感受光的。這種能夠變色的物質也許就是我們身體裏的光線接收器，它從紅色變成無色，我們就知道「光來了」。

不幸的是，體弱多病的鮑爾在作出這個偉大猜測之後，不久就因肺結核去世。他死時剛滿 30 歲，還沒有來得及繼續探索和驗證他的猜測。他的發現和猜測很快就被另一位德國科學家威利・庫恩尼（Willy Kuhne）接受和延續下去。從 1878 年到 1882 年，庫恩尼幾乎是馬不停蹄地繼續挖掘着鮑爾的發現，他從大量的青蛙視網膜中成功提取出了這種有顏色的物質，並把它命名為視紫紅質（rhodopsin，見圖 6-3）。庫恩尼還證明，就像鮑爾提示的那樣，純淨的視紫紅質分子能夠在光照和黑暗下反覆呈現有色－無色－有色的循環。更重要的是，庫恩尼還發現，當視網膜接受光線照射時，會產生微弱但清晰的電流變化。基於這些發現，庫恩尼宣稱，這種鮮豔的蛋白質就是視覺秘密的核心！他認為，這種物質通過自身的某種未知的化學變化（有色變無色），將外在世界的信號（光線）變成了一種能夠被我們的大腦感知的信號（電流）。

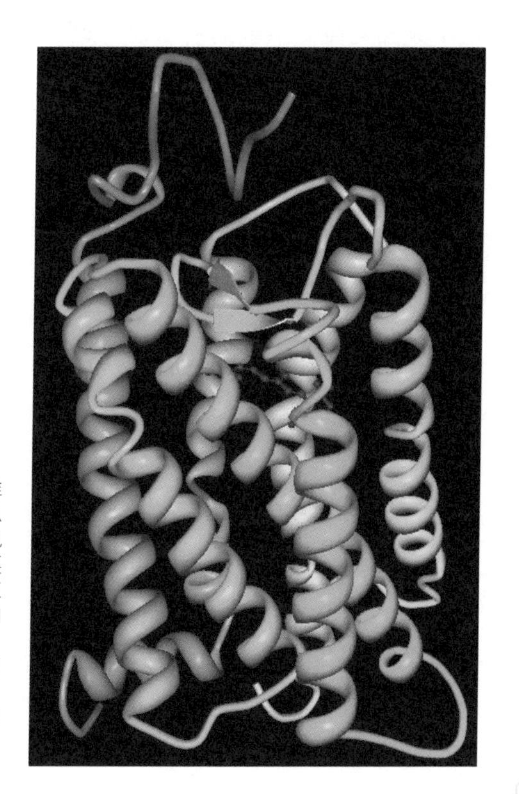

圖 6-3　視紫紅質蛋白的三維晶體結構。我們的眼睛之所以能看到不同的顏色，其實是視紫紅質的貢獻。人的視網膜裏有三種稍微有些不同的視紫紅質蛋白，分別對黃光、綠光和紫光最敏感。值得一提的是，純淨的視紫紅質呈現紫色，而當它出現在視網膜細胞中時，看起來更像紅色，也就是鮑爾最早看到的那種顏色。

即使用最挑剔的眼光來看，這個假說依然正確得不可思議。當然，今天我們知道，視覺信息的採集和處理是一系列異常複雜的電化學反應，視紫紅質的變色僅僅是最開始的一小步。但是這最早的一步，恰恰是聯結外界環境（光線）和我們身體（視網膜細胞）的關鍵一步。正是從這裏開始，我們的大腦將外界環境轉換成了某種大腦可以接收和處理的信號，從而在複雜的神經網絡中重組出豐富多彩的視覺世界。

之後，美國科學家喬治．沃德（George Wald）進一步深化了鮑爾和庫恩尼的假説。他發現，視紫紅質能夠和一個小小的名為視黃醛的色素分子結合，從而呈現出妖豔的紫色。在光線照射下，兩者分離，失去顏色的視紫紅質隨即在視網膜細胞中產生了電信號。

沃德發現的這個化學反應提示了視覺的源頭。儘管在演化史上，眼睛這個構造反覆獨立出現過很多次，但是所有動物的感光元件都是從同一個視紫紅質祖先那裏變化而來的。順便説一句，視黃醛來源於維生素A，因此當人體缺乏維生素A時，感光能力會急劇下降，從而導致夜盲症。

從「要有光」到「我看見了」

鮑爾、庫恩尼和沃德的發現揭示了人眼感光的原理。但是我們必須聲明，從感受「光」到真的「看見東西」，還有非常遙遠的距離。藍藻和草履蟲這樣的單細胞生物同樣具有感受光線的能力，但感受光以後能做的事情是很有限的，僅僅可以幫助生物確定光源的位置和距離。對於希望探索大千世界的智慧生命來說，這點信息量是遠遠不夠的。我們不僅需要看到光，還需要知道光線的強弱、方向和性狀，才能看清楚獵物的多少、天敵的遠近、前進的道路和書上的文字。

那麼，簡單的光信號究竟是如何帶給我們關於色彩、形狀、遠近等複雜的視覺信息的呢？

這個問題的意義甚至遠遠超過視覺本身。它的核心在於，利用一大堆簡單的感覺輸入（比如是否有光、哪裏有光、光強弱如何），我們的大腦是如何加以整合和處理，把牠們變成人腦可以識別和處理的複雜環境信息的（見圖 6-4）。從某種程度上說，我們的視網膜細胞本質上相當於千萬個草履蟲細胞，每個都能像草履蟲一樣檢測光線是否存在。我們同樣可以把這些細胞的功能類比成數碼相機的像素，每個像素都有一個獨一無二的位置（多少行多少列），每個像素的唯一功能就是檢測這個位置有沒有光、光強弱如何。但是，當我們的大腦收穫了來

圖 6-4　一個視覺信息處理的經典例子。中心正方形的輪廓線並沒有被直接描畫出來，但是人眼能夠立刻從背景中識別出一個白色的正方形。這說明視覺信息的處理絕非簡單地感受物體發射或者反射的「光線」，而是存在複雜的後期信號處理，從而產生了原本並不存在的視覺「信息」。

自無數隻草履蟲或者無數個像素點產生的光信息之後，又是如何從中總結歸納出一幅生動的圖畫的呢？

時間快進到 1958 年，兩個三十出頭的科學家無意間得到了開啟視覺大門的鑰匙。

那一年的年初，大衛・休伯（David Hubel）和圖斯坦・威瑟（Torsten Wiesel，見圖 6-5）在美國約翰霍普金斯大學的校園裏相識了。在他們的導師斯蒂芬・庫福勒（Stephen Kuffler，視網膜研究的大師）的建議下，兩個年輕人跳過了視網膜，直接把目光投向了視覺信號的最終處理和輸出場所——大腦。

他們的做法其實並不新奇，相反還似乎有點愚蠢。在他們開始工作之前，他們的老師庫福勒已經領風氣之先，用微型電極仔細記錄和研究了視網膜細胞對光線的反應，總結出了視網膜細胞感受光線的規律。庫福勒曾有一個特別重要的發現：每一個視網膜感光細胞都只對屏幕上特定位置的小光斑有反應。這句話説起來簡單，但是實際上説明了視網膜細胞的工作原理。和數碼相機的每個像素點一樣，每個視網膜細胞的感光反應實際上已經包含了光線的位置信息。

休伯和威瑟自然希望依樣畫葫蘆，用微型電極記錄動物大腦細胞的電信號，看看能否在大腦中找到視覺信息處理的某些規律。兩個年輕人的實驗系統也很簡單。他們把可憐的貓麻醉後固定好，在貓的眼前放一台老式幻燈機，然後更換各種幻燈片給貓看。每張黑色的幻燈片上用針挖出形狀位置大小不同的小孔，於是穿過黑色幻燈片，各種稀奇古怪形狀的光斑就照射到了貓的眼睛裏。

圖 6-5 圖斯坦·威瑟（左）和大衛·休伯（右），1981 年諾貝爾生理學或醫學獎得主，也可能是整個生物學史上最成功的一對搭檔。兩人從 1958 年開始合作，當年就有了里程碑式的發現，並在此後的 20 年裏，幾乎完全依靠兩人之力完成了人類對視覺系統的開創性工作。當然，也有傳言説，兩人在 1958 年就已經清楚地意識到了這項發現的意義，因此有意識地排除了其他所有合作者，單槍匹馬地工作，以確保諾貝爾獎的兩個席位。

但是問題在於，視網膜細胞本來就是為感光準備的，大批的細胞能夠在光照下產生電信號，要做微型電極記錄非常容易，把細細的玻璃管刺入視網膜，總能很快找到確實能感光的細胞來做研究，記錄它產生的電信號。但大腦裏的細胞總數大了幾個數量級，而且絕大多數並不是為處理視覺信號準備的。要在這麼多細胞裏找出一個碰巧能對光信號有反應的細胞，簡直像大海撈針一樣困難。可以想像，兩個年輕人在漫長的反覆嘗試之後，當終於用微型電極在貓的腦袋裏找到這樣一個細胞的時候，是多麼興奮。每一次好運來臨的時候，他們都會緊緊抓着這根救命稻草不放，變着法子給出各種各樣匪夷所思的光刺激，大的光斑、小的光斑，左邊的光、右邊的光，強的、弱的，一個、兩個，開燈、關燈……他們試圖從這個撞上槍口的細胞的反應中，找到大腦處理視覺信息的渺茫線索。

但是，在一連幾個月的實驗中，休伯和威瑟都處於一種不知如何是好的迷茫狀態中。反覆嘗試下，他們確實找到了一些對光斑有反應的大腦細胞。但是和他們的老師庫福勒不同，這些細胞在他們手裏從來沒有呈現出甚麼清晰的反應規律。就算是對光斑有反應，也往往是不強不弱。不管兩人怎麼改變光斑的位置、大小和強弱，神經信號的變化都若有若無，讓人摸不着頭腦。在照搬老師研究思路的時候，難道是他們弄錯或者忽略了甚麼？還是大腦處理視覺信息的規律太複雜，用同樣的方法根本不奏效？

這樣的雞肋狀態持續了幾個月，終於在某個疲憊的午夜結束了。當時，休伯和威瑟正在機械地用微型電極一個個細胞地刺着，一個個光斑地照着。突然之間，屏幕上的波紋開始變得雜亂而暴躁，這個細胞像機關槍一樣開始乒乒乓乓地產生電信號了！兩人興奮地一躍而起，睡意全無，但是仔細一看幻燈片，卻沒有發現甚麼稀奇，僅僅是黑色背景下的一個小光斑，這樣的刺激已經給了不知道多少次了，從來沒有出現過這樣劇烈的反應。接下來，更沮喪的事情發生了：他們把幻燈片拔出來再插上，機關槍一樣的電信號居然消失了，甚麼都沒剩下，剛才的一幕就像只是他們做的一個短暫的美夢。

確認了彼此剛才都沒有做夢的休伯和威瑟回過頭來重新琢磨剛才發生了甚麼。如此劇烈的神經電信號，肯定不是毫無意義的噪聲。兩個人也沒有不小心碰到不該碰的儀器和電線。那麼，這個信號肯定來自於那個被電極遇上的神經細胞，來自剛才那片看起來平淡無奇的幻燈片。於是，就像我們修電腦一樣，兩位來勁兒的年輕人開始繼續折磨這個神經細胞，繼續折磨起這片幻燈片來：拔、插，插、拔，換個方向，吹口氣兒……最後他們發現，原因是這樣的：第一次照光的時候，他們一不小心沒有插好幻燈片，幻燈片沒有完全卡到卡槽裏去。結果，幻燈片和卡槽的邊緣漏出了一條細細的光線，恰好投射到了貓的眼睛上，是這條無意間出現的光線導致了機關槍一樣的電信號！

也就是說，大腦可能其實並不像視網膜那樣直接感受光斑光點，而是感受光斑組成的「光條」？

果真如此。在隨後的幾個月裏，從這個偶然的意外發現出發，休伯和威瑟確認，很多大腦細胞對光點和光斑並沒有特別的反應，反而會對某種角度的長方形光條反應強烈（見圖 6-6）。有的細胞只會對水平放置的光條有反應，有的細胞偏愛垂直的，有的細胞只喜歡 45 度角傾斜的。

這個聽起來如此簡單的發現，卻標誌着我們對人類感覺系統的理解從「要有光」正式邁進了「看見圖案」的時代。顯然，大腦細胞不像視網膜細胞那樣，僅僅是簡單地檢測到底有沒有光，而是對感覺信號進行了一定程度的處理和整合。大腦細胞必須具備一種能力，在接收了一大堆密密麻麻、雜亂無章的光信號之後，能通過分析它們彼此間的位置信息，知道現在「看

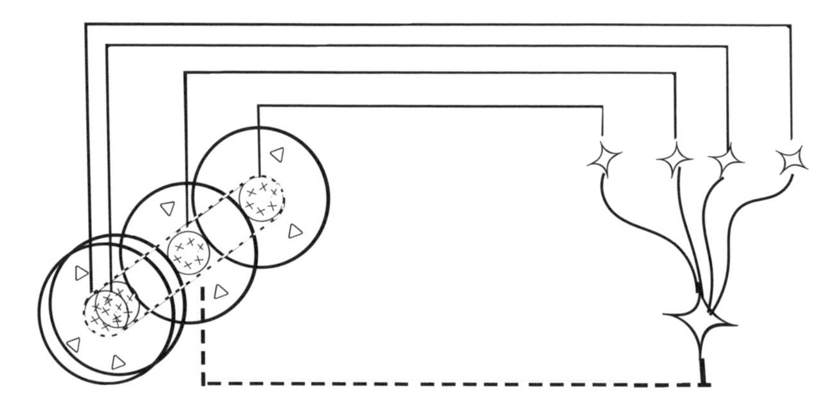

圖 6-6 休伯和威瑟記錄到的大腦細胞。這個細胞僅僅會對一個傾斜的光條敏感（左），而對其他方向的光條沒有反應。一個簡單的解釋就是，這個細胞能夠同時接收來自數個視網膜細胞的信號，而這幾個視網膜細胞恰好排列成傾斜的直線，因此一個如此朝向的光條，能夠同時刺激到這幾個細胞，產生最強的信號。

見」的是一個有着特定傾斜角度的物體。如果理解了這種能力，我們就真的站到理解感覺的大門口了。

對此，休伯和威瑟提出了一個簡單的模型，成功解釋了並不能直接「看到光」的大腦細胞是怎麼判斷朝向和「看見圖案」的。

下面我們打個形象的比方來説明這個模型。假設一條毛毛蟲突然出現在我們的視野裏，毛毛蟲的身體分為頭、肚子和尾巴三節，每一節都亮閃閃地發着光。在休伯和威瑟的猜測中，我們的大腦是這樣看見毛毛蟲的：

首先，在我們的視網膜上有三個細胞同時檢測到了分別來自毛毛蟲頭、肚子和尾巴的光——我們姑且命名牠們為視網膜「頭」細胞、「肚子」細胞和「尾巴」細胞吧。這一步是怎麼發生的我們已經知道了：鮑爾、庫恩尼和沃德的工作讓我們知道了毛毛蟲的光進入眼睛後會被視網膜轉換成電信號，庫福勒的工作讓我們知道了不同位置的視網膜細胞能夠接收來自不同位置的光線。因此，視網膜上應該會有那麼三個細胞，它們的位置恰好能接收到來自毛毛蟲從頭到尾的三束光線。

之後呢？

休伯和威瑟猜測，這三個特殊的視網膜細胞同時把電信號傳遞給了大腦中的同一個細胞——我們就叫它大腦「毛毛蟲」細胞好了。這個「毛毛蟲」細胞藏在大腦深處，自己並不直接感光，但是它有一個神奇的特性：當它同時接收到來自視網膜「頭」細胞、「肚子」細胞和「尾巴」細胞的三個電信號時，它就會被激發起來，產生一個新的電信號。而這個電信號的含義，就是我們的大腦意識到了毛毛蟲的出現！

休伯和威瑟的發現和分析第一次揭示了大腦是如何從簡單的光信號中整理出複雜有意義的視覺信息的。基於這個簡單的原理，我們可以展開無窮無盡的想像和推理。既然視網膜上的光點信號被匯合一次就能產生關於朝向的信息，那麼方向的信息再匯合一次，應該就能產生形狀的信息。形狀再疊加色彩，就能形成對五彩世界的基本感知。要是兩個眼球看到的東西稍有不同，疊加起來就能告訴我們物體的遠近……這樣一來，僅僅能夠感受光點的視網膜細胞，最終在大腦中構造出充滿各種細節的、豐富的視覺世界。

從信號到信息，從視覺到全部世界

關於視覺的研究，也可以幫助我們想像和理解其他感覺系統是如何收集和處理信息的。

比如，在嗅覺和味覺的世界裏，鼻子和舌頭所採集的信號本質上都是化學物質。來自外在環境的化學物質，結合在特殊的化學感受器上，就會像光照射在視紫紅質蛋白上一樣產生電信號，從而將環境信息轉換成某種生物體可以識別的信息。在我們人類的鼻腔裏，有多達 800 個化學感受器，它們能夠結合和識別各種各樣的化學分子，從而產生我們對氣味的第一層認知。

再進一步，和視覺信息整理的原則類似，在現實世界中，許多天然氣味並不是單一的化學物質，而是由各種化學物質混合產生的。比如香水中平均有幾十種化學物質，這些化學物質同時到達我們的鼻腔，被許許多多個化學感受器同時發現，由此產生的神經信號在大腦中不斷匯聚合流，相互整合，最終形成了我們對於某種氣味的「信息」。讀者應該都有經驗，很多時候氣味是一種難以言説的微妙感受，一束鮮花、一杯手工過濾的咖啡、一盤剛出鍋的家鄉菜……其中的微妙氣味實際上是許多簡單信號相互疊加的結果。

同樣，在聽覺和觸覺世界裏，人體最初感知到的是聲波震動空氣或者物體接觸皮膚所帶來的物理刺激。這些機械刺激能夠拉伸神經細胞表面的細胞膜，像鼓槌敲動鼓面那樣引發鼓面的震動。這些不同強度、不同頻率、不同位置的機械刺激會被不同的感覺細胞採集到，最終在大腦中整合成為巴赫節律嚴謹的哥德堡變奏，或者愛人柔情蜜語的撫慰。這背後的運算邏輯同樣可以從休伯和威瑟的研究中得到啟發。

我們還可以進行更大膽的猜測，那些人腦無法獲取和利用的信息，也許能夠被其他生物體所利用，產生人類完全無法想像的美妙感知。

這樣的例子即使在地球生物圈也並不罕見。

很多動物可以接收到人類感知能力之外的信號。例如，人耳能夠採集到振動頻率在 20 赫茲到 20,000 赫茲的聲音，而蝙蝠可以聽到頻率達到十幾萬赫茲的超聲波。蝙蝠的聽覺世界一定比我們嘈雜熱鬧得多，如果蝙蝠也有音樂家，那牠們的交響樂將有着人類無法比擬的豐富音色。再比如，依靠三種稍微不同的視紫紅質蛋白，人的眼睛能夠識別三種基本顏色（黃、綠、紫），三種色彩的組合讓人的眼睛能區分多達一千萬種色彩，這構成了我們能看到的五彩斑斕的視覺世界。而蝴蝶能夠感知五種不同的基本顏色，簡單計算可知，蝴蝶應該有能力區分 100 億種顏色！如果蝴蝶能做畫家，那牠們畫筆下的世界一定有着人類不可言説的美妙色彩。

有些地球生物還發展出了人類根本無法想像和理解的感覺。例如，蜜蜂、螞蟻和鴿子能夠檢測到極其微弱的地球磁場方向，利用地磁場來引導行動；有些魚類能夠感受到周圍電場的微弱變化，利用這些信號來搜索、捕食和遷徙；許多鳥類能夠利用星光或地磁場導航，飛行在沒有任何地面標誌物的茫茫大海上，進行數千公里乃至上萬公里的遷徙。

但是我們可以大膽地估計，不管這些感知外在世界的方式在人類看來是多麼不可思議，地球生命收集感覺信號、處理感覺信息的基本原則，仍然是可以被我們理解的。

讓我們再次回顧一下視覺的研究發現。依靠從鮑爾、庫恩尼到沃德，從庫福勒到休伯和威瑟的研究，我們可以猜測，視覺系統的工作原則也許是一套放諸四海皆準的原理。它至少在結構上可以很容易地在神經系統裏實現——需要的僅僅是一種特殊的、多個神經細胞輸入給單個神經細胞的連接方式，而這一方式在我們的大腦裏比比皆是。同樣，在信息流動和處理的角度上，我們需要的也僅僅是並不複雜的邏輯運算規則，比如「頭」細胞、「肚子」細胞、「尾巴」細胞一定要同時感光，才能激發「毛毛蟲」細胞。

實際上，我們正是因此獲得了理解感覺系統乃至人類智慧的信心。我們期待着某一天，那些看起來無比複雜和神秘的人類意識活動，都能夠用簡單的運算規則徹底地解釋。

第 7 章

學習和記憶：應對多變世界

感覺系統的出現讓地球生命第一次「睜眼看世界」。從此，地球生命才真正擁有了和地球環境交流互動的本錢。

但是新的問題又來了：地球環境從來不是一成不變的。就算暫且拋開演化尺度上的滄海桑田、人間巨變，只關注任何一個地球生命體的短暫一生，變化仍然無處不在。

昨天空蕩蕩的草地上突然掉下了一顆熟透的蘋果，飛蟲嗡嗡地吵嚷着撲過去大快朵頤，而蘋果連同小飛蟲都成了不遠處一隻站在樹梢上的烏鴉的美餐。非洲草原上一隻巨象轟然倒地，在炎熱的陽光下，屍體很快開始腐爛發臭，從牠身體的無數縫隙裏流出暗綠色的黏稠液體，無數看不見的微小細菌在液體裏貪婪地吞嚥和生長。月明星稀的深夜，一隻餓急了的田鼠爬出洞穴，迫不及待地奔向前方散落的幾枚橡果，但是在下一瞬間它又悻悻地掉頭返回，因為牠感覺到頭頂傳來了伯勞尖銳的叫聲。

而在更大的時空尺度上，偌大的地球忠實地圍繞太陽一路狂奔，周而復始，在這條 9.4 億公里長的征途上，每過 86,400 秒，太陽會再次高掛天頂照亮大地。就這樣，地球有了四季變遷，有了風霜雨雪，有了白天黑夜，也有了永遠的生機勃勃，變化萬千。

地球生命如何應對這永恒的變化？

刺激－反射：一個極簡主義者的大腦

一個簡單的思路是「隨機應變」，或者我們可以叫它刺激－反射。

這種應對模式有點像電腦程序語言裏的 if then else 語句（見圖 7-1）。通過預先設置一個簡單的邏輯，就可以事先在生命體內部規定好所有的反射程式：對於小飛蟲來説，如果（if）前方出現了強烈的腐敗水果氣味，那就（then）徑直飛過去尋找食物，否則（else）就原地待着不動。對於大象體內的細菌來説，如果（if）環境中有機物的含量猛增，那就（then）啟動蛋白質合成和分裂繁殖程序，否則（else）就蟄伏起來不吃不動。對於夜晚覓食的田鼠來説，如果（if）看到了橡果，那就（then）出洞搬運……這套程序簡單粗暴，在生物學上實現起來也相對容易。原則上只需要一個特定的感覺神經細胞用來接收環境刺激，連接上一個特定運動神經細胞用來控制肌肉的舒張和收縮，就可以實現刺激－反射模式的隨機應變。

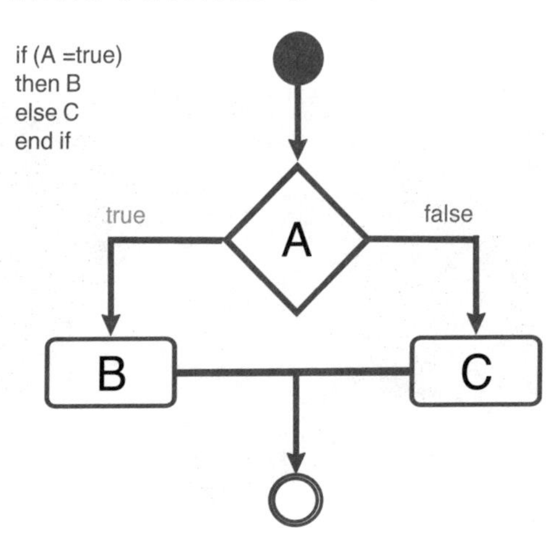

圖 7-1　電腦科學中的 if then else 模式

在海兔的身體裏，人們就找到了這樣非常簡單的刺激－反射模式。海兔是一類巨大的深海蝸牛（見圖 7-2），生活在大洋底部，本身和兔子毫無血緣關係。但是牠長了一對大大的觸角，樣子很像兔子的長耳朵，所以才得到這麼一個有趣的名字。和其他軟體動物一樣，海兔利用鰓呼吸。牠的纖毛能夠驅趕水流進入身體內的水管，隨後不停地流過鰓部，海兔就能借此獲得氧氣。可想而知，把自己的鰓保護好，對海兔來説是健康和生存的頭等大事。如果海兔的皮膚突然遭到來自洋流或者天敵的衝擊，牠就會迅速把鰓緊緊地包裹起來。

從邏輯上推演一下的話，海兔這種防禦性的反應最少需要兩個細胞參與：探測機械刺激的感覺神經細胞和控制鰓收縮的運動神經細胞。二者彼此相連，前者能夠向後者傳輸電信號和化學信號。一個簡單的工作模式就是：如果（if）感覺神經細胞被刺激和激活，那麼（then）通過兩者之間的連接，運動神經細胞也會被激活，從而產生鰓收縮的反射。

圖 7-2　海兔

兵來將擋，水來土掩，簡單的刺激－反射模式可以很完美地應對地球環境的變化。而且這種模式有一個很大的好處，就是可以事先準備好預案，不至於臨時抱佛腳。昆蟲羽化後就會飛行、逃跑、取食和求偶；哺乳動物的幼崽一出生就會吮吸奶頭，感覺到餓了或者冷了就會哇哇大哭。這一切都不需要學習，動物身體內攜帶的遺傳物質，會在動物出生前就準備好所需要的神經細胞和彼此間的連接模式。

在我們每個人的身體裏，簡單的刺激－反射模式也隨處可見：風沙吹過來，我們會自動閉眼；小錘敲擊膝蓋，小腿會自動抬起；光照亮眼睛，瞳孔會自動收縮。其實靠的都是這種反應模式。實際上，今天很多低端機械人的運行模式也不外乎於此。如果你家有掃地機械人，不妨觀摩一下它如果碰到桌角是怎麼反應的。

但是這個模式有兩個非常底層的局限。

一個局限是盲目性。在這種模式中，再多次的重複也無法變成能夠積累的經驗。哪怕每次遇到一模一樣的刺激，生物體也都只能機械重複一模一樣的反應。換句話說，反射錯了，牠做不到吃一塹長一智；反射對了，牠也不會總結成功經驗。對這隻動物來説，整個客觀世界永遠是一個無法被認知、熟悉和理解的黑箱。

另一個局限是有限性。依靠遺傳信息能儲存的模式總歸是有限的，而且如果一個刺激－反射模式在現實生活中沒有用處，演化會很快將它淘汰掉。此外，只會刺激－反射的動物不可能從無到有地發明和掌握文字，一個只知道刺激－反射的掃地機械人也不可能自己學會拖地和清理餐桌。

僅憑日常經驗，我們就知道這種模式無法解釋我們人類的生活。

我們會「習慣」：再芬芳、再惡臭的東西，聞久了我們也會麻木，會覺得無所謂。我們會「聯繫」（哪怕很多時候這種聯繫顯得非常不理性）：昨天穿了件紅色外套，出門遇到了意外，以後這件衣服大概要永遠被束之高閣；昨天用剪刀的時候不小心戳了手，可能好幾天看到剪刀都會心有餘悸。我們還會讀書識字，會演算方程，能在想像裏編織一個根本不存在的世界。這一切能力，用刺激－反射模式都無法解釋。對於複雜智慧生命來說，學習是生存發展的必需技能。

那麼，學習到底是甚麼？

這個看起來查查字典就能解決的問題，事實上是個經過巧妙偽裝的邏輯陷阱。儘管人們在哲學層面對何謂學習已經提出過（可能是太多種）解釋，但是這些討論始終在問題的外圍打轉。在生物學上，真正的核心問題在於，人類學習的本領到底是從何而來的？在學習的過程中，我們的身體（特別是我們的大腦）到底發生了甚麼？它體現為一種可描述的物質變化，還是一種純粹精神性、靈魂層面的變化？它是人類獨有的能力，還是所有地球生物或者至少地球動物都具備的？如果別的動物也具備，那麼我們該用甚麼辦法去證明它、描述它（畢竟動物無法直接告訴我們牠們的經歷和感受）？

這些問題其實彼此緊密相連。如果學習能力不可客觀描述，或者只有人類具備，那這種能力將在很大程度上成為不可觸碰、無法了解的永恒秘密。原因很簡單，我們沒法在活人身上動刀子做實驗，提取分離純化出一種叫作「學習」的物質來。而學習能力的生長發育、學習能力的演化和學習能力本身，其實也可能説的是同一件事——它們背後，一定有某種體現「經驗」的東西發生了變化。找到這種變化，就能解釋學習，也能解釋學習能力的由來。

單身派對定律

在 20 世紀初，兩條看似毫不相關的線索彼此獨立地浮現，把人類引向了探究學習問題的正確道路。

第一條線索來自寒冷的俄羅斯，來自冰天雪地的聖彼得堡，一位留着俄羅斯傳統大鬍子的中年男人，伊萬·巴甫洛夫（Ivan Pavlov）。

巴甫洛夫的研究領域原本是消化系統——從胃液的分泌到胰腺的功能，但是一個偶然的發現把他引上了完全不同的研究方向。為了研究消化系統的功能，巴甫洛夫設計了一套精密的記錄系統來研究狗的唾液分泌是怎麼調節的。毫無疑問，唾液分泌的調節也是消化系統的重要問題。他分析發現，當飼養員把裝滿狗糧的盆子端給小狗的時候，狗的唾液就會開始大量分泌。當然，這個現象本身倒是毫不稀奇。從日常經驗出發我們也知道，食物的香氣足以讓我們食指大動、口水橫流。

但是巴甫洛夫隨後發現了一個奇怪的現象。當飼養員端着盆子、剛剛打開實驗室的門的時候，狗的唾液就已經開始大量分泌了。這時候按說狗根本還看不見飼養員，看不見盆子，也聞不到狗糧的味道呢。巴甫洛夫甚至發現，就算找個毫不相關的陌生人，就僅僅開一下門，開門的聲響就足夠讓狗流口水了！

有了本章開頭處的思維鋪墊，我們很容易意識到，發生在狗身上的現象本質上就是一種學習。這條狗一定是通過許多天的觀察，總結出開門聲和飼養員、食物盆子以及美味狗糧的出現存在某種神秘但相當頑固的聯繫。因此對於牠來說，聽到開門聲，就會自動啟動一系列與吃飯相關的程序，包括流口水。

雖然沒有我們已經具備的背景知識，但是，天才的巴甫洛夫產生的想法幾乎一模一樣。他借用這個偶然發現，設計了一整套精巧的實驗（見圖 7-3），並最終證明了動物也存在可靠的學習能力，而且更重要的是，這種能力的確能夠被精密地記錄

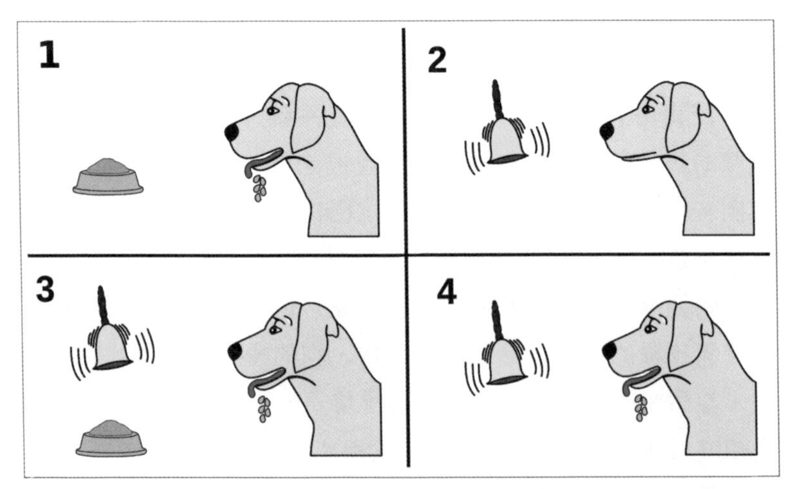

圖 7-3　巴甫洛夫實驗

和研究。他發現，如果單純對着小狗搖鈴鐺，狗是不會分泌唾液的。但是如果每次端狗糧來的時候都搖鈴鐺，或者在要餵狗糧前先搖鈴作為提醒，那麼只需要幾次練習，小狗就能學到鈴鐺聲和美味飯菜之間的聯繫。證據就是，僅僅搖幾下鈴鐺，小狗的口水就會四處橫流！

就這樣，「巴甫洛夫的狗」從此就成了一個專有名詞進入了人類科學的殿堂。這個非常簡單但精確有力的實驗，第一次把原本屬哲學討論範疇的人類學習，還原到了可以觀察描述、深入解剖的動物行為層次。巴甫洛夫的狗流着口水告訴我們，只要我們能找到在幾次訓練前後牠身體裏到底發生了甚麼變化，我們就能揭示學習的秘密。

可到底是甚麼變化呢？

第二條線索在最合適的時間浮現了出來。

差不多在巴甫洛夫在冰天雪地裏折騰小狗的同時，在四季如春的西班牙，一位和巴甫洛夫年齡相仿、性格也類似的科學家——聖地亞哥 · 拉蒙－卡哈爾——已經第一時間提示了答案。

這位科學家的大名我們在前面已經提及。你可能還記得，卡哈爾的研究看起來和巴甫洛夫的風馬牛不相及。巴甫洛夫的研究對象是活生生的大狗，而卡哈爾終日對着的是顯微鏡下細若游絲的神經纖維。通過觀察和繪製成百上千的顯微圖片（如今許多圖片仍然在生物學教科書、演講和科普作品裏被重複展示），卡哈爾意識到，動物和人類的大腦一樣，層層疊疊堆砌着數以百億計的細小神經細胞。這些神經細胞和人們慣常看到的細胞不太一樣，往往不是渾圓規整的形狀，而是從圓圓的細胞體那裏伸出不規則的凸起，有的層層伸展如樹杈，有的長長延伸像鱆魚的觸手（見圖 7-4）。

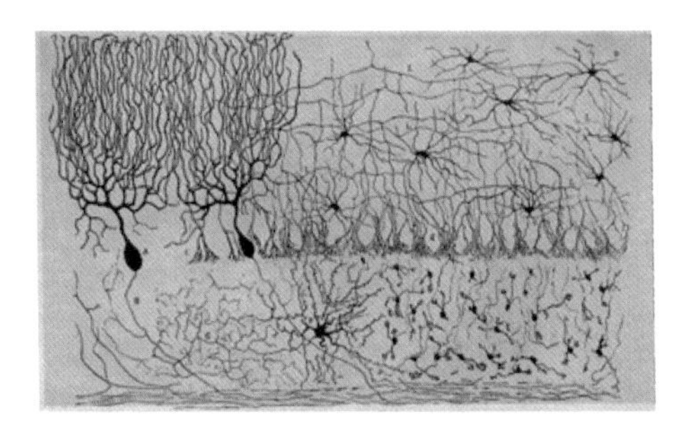

圖 7-4　卡哈爾繪製的人腦海馬體區域的神經細胞圖（字母標示了一個個神經細胞，特別要注意它們長長的樹杈和觸手）

在卡哈爾看來，這些長相怪異的神經細胞正是靠這些凸起彼此聯繫在一起的，形成了一張異常複雜的三維信號網絡。在人腦千億數量級的神經細胞中，任何一個神經細胞產生的電信號，都可能被上萬個與之相連的神經細胞識別；反過來，任何一個神經細胞的活動，也可能受到上萬個與之相連的神經細胞的影響。你可以想像這樣的情景：揮動魔杖隨意點亮人腦中一個神經細胞，在它的閃爍中，電信號蕩起的微弱漣漪將迅速傳遍整個大腦，此起彼伏的星光如煙花綻放般閃耀。而這可能就是人類智慧的物質本源。

但是卡哈爾的研究和巴甫洛夫有何關係呢？

一頭是飢餓的小狗吐着舌頭口水橫流，另一頭是纖細的神經纖維編織出的網絡。這看起來風馬牛不相及的兩種研究，又能建立怎樣的聯繫呢？

在幾十年後，加拿大心理學家、麥吉爾大學教授唐納德・赫布（Donald Olding Hebb）在他的巨著《行為的組織》（*The*

Organization of Behavior）中天才般地發現了兩者之間的神秘聯繫，提出了著名的「赫布定律」。赫布指出，巴甫洛夫在動物身上觀察到的學習行為，完全可以用卡哈爾發現的微觀神經網絡加以解釋（見圖 7-5）。

巴甫洛夫的小狗所學習的，是在兩種原本毫不相關的事物（鈴聲和食物）之間建立聯繫。在反覆練習之後，牠們最終會掌握並記住鈴聲會帶來食物。那我們完全可以想像，這種聯繫其實就存在於兩個神經細胞之間。

比如，假設小狗的大腦裏原本有兩個並無聯繫的細胞——我們姑且叫它們「鈴聲」細胞和「口水」細胞吧。當鈴聲響起，

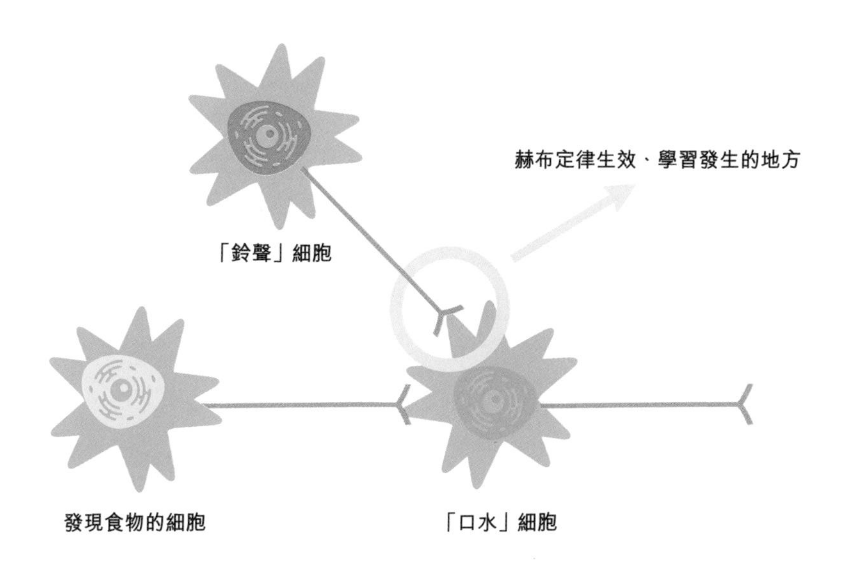

圖 7-5　用赫布定律解釋巴甫洛夫的實驗結果

「鈴聲」細胞就能感覺到並被激發；當食物出現，「口水」細胞就會開始活動，並且讓唾液開始分泌。但是前者並不會引起後者的活動。

在巴甫洛夫的實驗中，小狗每次都會在聽到鈴聲的同時吃到食物。別忘了，食物的存在是可以直接激活「口水」細胞的。也就是說，「鈴聲」細胞和「口水」細胞這兩個原本無關的細胞被強行安排在同時開始活動。在赫布看來，正是因為這種強行安排的同步活動，讓兩者之間的物理連接從無到有，從弱到強。這個過程其實就是學習。它有點像很多單位組織的單身派對。單身的男生女生被「強行」安排在一起玩遊戲、搞活動、表演節目，一來二去，再陌生的人之間也會開始熟絡起來。

就這樣，赫布的思想把巴甫洛夫和卡哈爾的研究聯繫在了一起。在卡哈爾看來，就是經過反覆訓練，「鈴聲」細胞和「口水」細胞之間的連接將會達到這樣的強度：只需要刺激「鈴聲」細胞的活動，「口水」細胞就會被激活。而在正在忙活做實驗的巴甫洛夫看來，到這一時刻，單獨給鈴聲就足夠讓小狗口水橫流，小狗的學習取得了圓滿的成功！

20 納米

赫布的這一理論被簡單總結為「在一起活動的神經細胞將會被連接在一起」（Cells that fire together, wire together.），並以「赫布定律」之名（也許「單身派對定律」是個更合適的名字）流傳後世。他的思想為人們尋找學習的物質基礎提供了最直接的指引：如果他是對的，那人們應該能在學習過程中，直接觀察到神經細胞之間的連接強度變化；或者反過來，人們操縱神經細胞之間的連接強度，就應該能夠模擬或者破壞學習。

說起來也有趣。儘管早在 20 世紀之初，卡哈爾就已經準確預測了神經細胞之間存在數量龐大的彼此連接。但是這種連接直到 20 世紀中期才第一次露出廬山真面目。原因無他，這種連接實在是太微小了。不同神經細胞的凸起會向着彼此無限逼近，但卻在最後大約 20 納米的距離上恰到好處地停下，並且形成一個被稱為「突觸」的連接（見圖 7-6）。這個 20 納米的間距保證了前一個神經細胞產生的電信號或者化學信號可以迅速且不失真地被後面的神經細胞捕捉到，同時也保證了兩個神經細胞相互獨立，彼此的細胞膜不會錯誤地融合在一起。

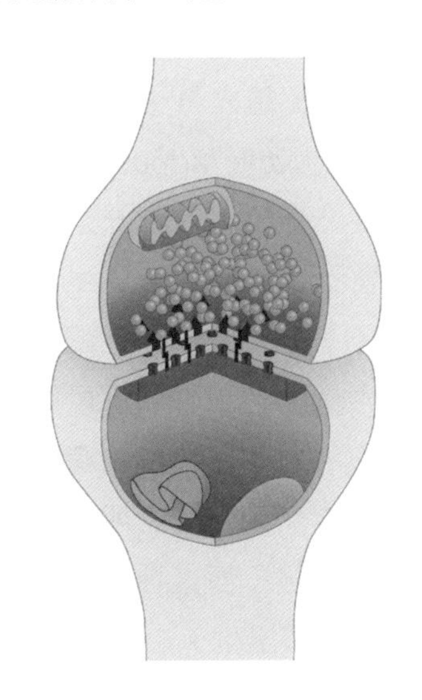

圖 7-6　突觸的想像圖。突觸是神經細胞信息交流的場所，兩個神經細胞的凸起在此相遇，形成了間隔 20 納米左右的接觸界面。

你可能已經意識到了，按照赫布的理論，學習實際上就發生在一個個突觸之間，發生在這 20 納米的距離之上。學習意味着突觸的生長和消失，意味着在這 20 納米之間，信號傳遞的效率增強或者減弱。在這 20 納米的距離上，任何微小的變化都可能和學習有關。

現在讓我們再回頭看看海兔。我們說過，海兔的縮鰓反應利用簡單的刺激一反射模式就可以解釋。但是在 20 世紀六七十年代，在美國紐約工作的神經生物學家埃里克・肯德爾（Eric Kandel）發現，這個簡單的防禦性動作同樣含有學習的成份。比如說，如果在輕輕觸碰海兔皮膚的同時，用電流強烈刺激海兔的頭或者尾巴，那麼在幾次重複之後，原本無害的輕輕觸碰，也會引起海兔劇烈的縮鰓反射。也就是說，和巴甫洛夫的狗類似，可憐的海兔學會了把輕輕觸碰和電流打擊聯繫在一起，對前者的反應變得劇烈了許多。肯德爾他們還發現，伴隨着學習過程，海兔體內發生了一些微妙的生物化學變化。一種叫作環腺苷酸（cyclic adnosine monophosphate，cAMP）的化學物質會突然增多，而在此之後，一系列蛋白質的生產、運輸和活動都會受影響。

別忘了，海兔的縮鰓反射是一個非常簡單的過程，只需要區區兩個神經細胞就可以解釋——一個感受皮膚觸碰的感覺神經細胞和一個控制肌肉運動的運動神經細胞。那麼肯德爾他們的發現自然而然就說明，這兩個細胞之間的連接，在學習過程中會被增強，而這種增強背後的原因，可能正是上述這些微妙的生物化學變化。

而這個猜測也被來自美國另一端的科學研究所支持。美國加州理工學院的科學家西莫・本澤爾（Seymour Benzer）在研究一種名為果蠅的小昆蟲時發現，如果果蠅腦袋裏製造環腺苷酸的能力受到破壞，那果蠅的學習能力將遭受毀滅性的打擊。這樣一來，不光肯德爾的想法得到了強有力的支持，人們還意識到，既然海兔和果蠅這兩種存在天差地別的動物居然共享同樣的學習分子，那麼很可能學習的生物學基礎是放諸四海皆準、在不同生物體內都暢通無阻的普遍規律。

方寸之間，神妙難明。在過去的數十年裏，從海兔和果蠅出發，人們開始逐步明瞭，在突觸之間的微小距離上，學習究竟是怎樣實現的（見圖 7-7）。在今天神經科學的視野裏，這區區 20 納米尺度下的突觸幾乎就是一個小世界。每一次神經細胞的活動，都可能改變這個小世界的整個面貌。細胞膜上的孔道開了又關，帶電的離子蜂擁着進入或者逃離神經細胞；微弱的電流閃電般地從神經纖維的一端流向另一端，時而匯聚成大河，時而分散成小溪；代表着興奮或者沉默的化學物質被包裹在小小的口袋裏，又一股腦地從神經細胞中一灑而出，如果足夠幸運，牠們可能會在消失前找到相隔 20 納米的另一個細胞，愉快地依靠上去，順便也把興奮或者沉默的信息傳遞過去；在細胞內部，全新的蛋白質被合成，陳舊的蛋白質被拆解，伴隨着細胞骨架的拆拆裝裝，突觸的形狀也如呼吸般伸伸縮縮……

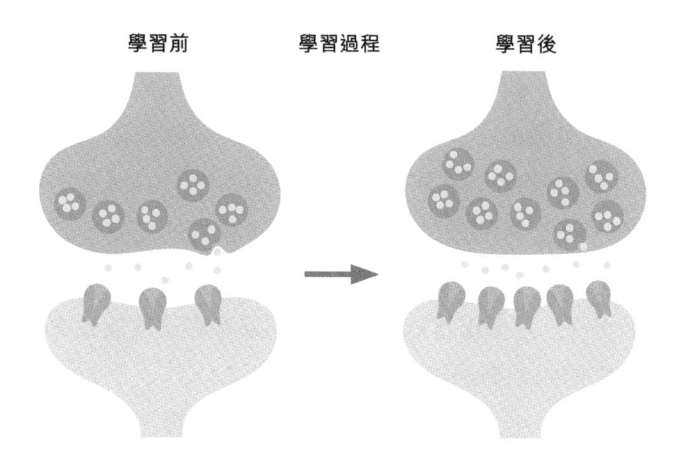

圖 7-7　突觸和學習。發生在突觸界面的微小變化是學習的本質。這種變化可能是數量和大小的變化，也可能是每一個突觸內部信號傳遞效率的變化，如信號發出端釋放了更多的信號（圖中的黃色點），也可以是信號接收端的靈敏度提高（圖中的綠色孔道）。

伴隨着每一次成功的學習，在這方寸之間，新突觸在誕生，舊突觸在消亡，突觸本身在變大和變小，信號發出端的功率和信號接收端的靈敏度也在發生變化。所有這些都可能會影響神經細胞之間的信號傳遞，也都可能被學習過程所影響。而所有這一切的總和，可能也就代表了學習的結果：經驗和記憶。

聰明老鼠

一個自然而然的推論是，當我們理解了學習過程中發生的一切後，我們就可以回過頭來，讓學習變得更容易更快，甚至可以在大腦中創造出從未發生過的學習場景。科幻作品中腦袋裏插片芯片就可以無所不知的橋段，也許真的可以變成現實。

當然，今天的我們距離理解「學習過程中發生的一切」還有遙遠的距離，但是我們確實已經開始了解其中幾個特別關鍵的角色，甚至開始對這幾個關鍵角色動手動腳了。

例如，我們説過，赫布定律的核心關鍵是不同的神經細胞「一起活動」。不管是巴甫洛夫的鈴鐺聲和狗糧盆兒，還是突觸前後的「鈴聲」細胞和「食物」細胞，這兩件事必須差不多同時出現，學習才會發生。因此可想而知，我們的大腦裏必須有一個東西能夠準確地識別出「一起活動」這件事才可以。我們可以想像，在兩個神經細胞之間 20 納米的狹窄空間裏，站着一個一絲不苟的裁判。他左右手各拿了一個秒錶，左右眼分別盯着兩個神經細胞。每次看到神經細胞開始活動，他會第一時間掐錶，而只有當他發現兩隻錶記錄的時間相差無幾，他才會大聲宣佈赫布定律開始生效，學習過程開始。

20 世紀 80 年代前後，這個裁判的真容開始浮現。人們發現有一個總是站在神經細胞膜上的蛋白質，它有一個非常難記的名字叫 N －甲基－ D －天冬氨酸受體或者 NMDA 受體，我們乾脆就叫它「裁判」蛋白好了。「裁判」蛋白有一個令人着迷的屬性：當它蘇醒的時候，能夠啟動一系列生物化學變化，最終讓突觸變大變強，讓兩個神經細胞之間的連接更緊密；而它的喚醒卻很困難，需要突觸前後的兩個神經細胞差不多同時開始活動，輪番呼喚，「裁判」蛋白才會開始工作。它的開工時間表完美契合了人們對裁判這個角色的期望。

那麼是不是有可能，如果讓這種「裁判」蛋白更多一點，眼神更犀利一點，掐秒錶的動作更快一點，人類學習的本事就會更強一點呢？

在 20 世紀 90 年代，還真的有人這麼做了。普林斯頓大學的華人科學家錢卓利用基因工程學的技術，讓小老鼠的大腦（或者更準確地説，是一個名為「海馬體」的大腦區域，見圖 7-8）無法生產「裁判」蛋白。結果，這樣的小老鼠就失去了學習能力，由此我們知道，「裁判」蛋白對於學習確實不可或缺。

更精彩的其實還在後面。利用同樣的手段，錢卓還在小鼠的海馬體中生產了超量的「裁判」蛋白。這些小鼠初看起來和牠們的正常同伴毫無區別，但是如果把牠們扔進渾濁的水池中，牠們會比同伴更快地意識到水池的中央有一個足以歇腳喘氣的「暗礁」，也能更快地記住這個暗礁的具體方位。如果把牠們扔進一間昏暗的小房間，刺耳的鈴聲伴隨着從腳底傳來的電擊刺痛，這些小老鼠也會更快地意識到鈴聲和刺痛之間的關聯，每次聽到鈴聲都會嚇得一動不動。

「聰明老鼠」——這是從來不嫌事大的媒體給這些老鼠起的名字。這種登上過無數報紙和雜誌封面的小傢伙，生動無比地證明了「裁判」蛋白在學習過程中的意義。從巴甫洛夫和卡哈爾開始的對學習本質探究的兩條道路，到這裏終於匯聚在一起。在神經細胞之間 20 納米的微小空間裏製造一種蛋白質，就可以操控整個動物的學習能力！

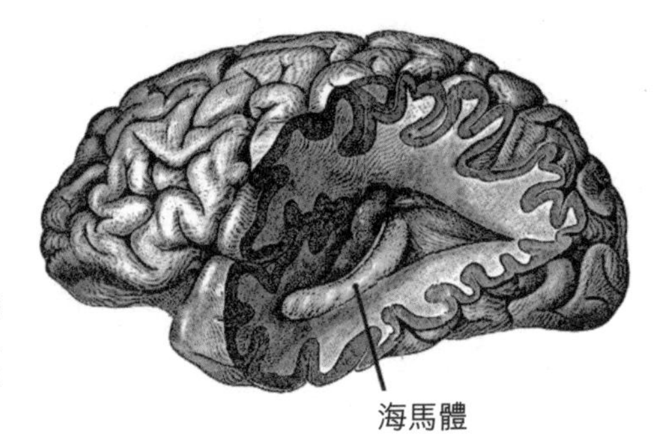

圖 7-8　人類大腦中的海馬體。在 20 世紀中期之後，人們逐漸意識到海馬體是產生學習和記憶的核心。

假如記憶可以移植

事情還沒完。

1999 年，中國的高考語文科目中，出現了《假如記憶可以移植》的作文題目。在以刻劃生活經歷、人生感悟、時事政治為主流的語文作文界，這個題目掀起了一場不小的波瀾。它甚至還救活了一家質量很高卻總是發愁銷量的科幻雜誌——《科幻世界》①。後來，在引起轟動的系列電影《黑客帝國》的設定中，人類從出生到死亡的所有生活經驗、回憶和喜怒哀樂，都是電腦強行植入的。

今天看來，這個也許是臨時拍腦袋想出來的「冷門題」，其實具有長久的話題性。人類社會製造的信息在呈指數增長，如今的每一天，人類世界生產出的數據都超過了古代社會上千

① 當年 7 月份，《科幻世界》恰好刊登了兩篇和記憶移植有關的科幻小說。

年的總和。信息的生產、存儲和流動固然已經是讓人撓頭的技術問題，但是更要命的問題其實是，人類大腦該怎麼適應這個數據爆炸的時代？要知道，我們大腦的容量和形態在過去幾十萬年裏都沒有發生過顯著變化。按照這個邏輯，信息生產和人腦功能之間的距離只會越來越大，想出辦法來人工植入記憶，可能是一勞永逸的解決方案。

更關鍵的是，這個想法還真的不見得就只能停留在科幻小説和科幻電影的範疇裏。

我們再次回憶一下赫布定律和聰明老鼠的研究。赫布定律其實是在告訴我們，學習過程的本質就是兩個相連的神經細胞差不多同時開始活動，因此它們之間的連接會變得更加緊密，從而讓我們在兩個本來無關的事物之間建立了聯繫。換句話説，如果我們能夠強制性地讓兩個神經細胞同時開始活動，我們就能無中生有地模擬學習過程。不需要真實的鈴聲，也不需要真實的狗糧，只需要我們想出一個辦法，讓「鈴聲」細胞和「狗糧」細胞同時活動，小狗就能夠學會聽着鈴聲噏口水。

可是怎麼做到這一點呢？聰明老鼠的研究給了我們一些提示。為了創造聰明老鼠，錢卓需要某種技術把特定的蛋白質（在他的例子裏，是「裁判」蛋白）輸送到小鼠腦袋的某個特定區域裏。這種技術的細節就不再展開了，但是我們可以充份展開想像，如果我們能在「鈴聲」細胞和「狗糧」細胞裏放進去一個蛋白質，這個蛋白質能夠讓這兩個細胞同時被激發，那我們豈不是可以創造出無中生有的記憶來，讓懵懂無知的小狗對着鈴聲狂流口水？

有這樣的蛋白質嗎？

有。它來自海洋。

在 21 世紀之初，人們逐漸開始理解海洋中的海藻是怎麼找到太陽的。簡單來説，當陽光照射在海藻細胞上之後，光子帶來的能量會打開細胞膜上的微小孔道，從而讓海藻細胞活起來，擺動自己的微小鞭毛，調整自己的姿態，讓陽光更舒服地照射在自己身上。

這個看起來簡單的生命活動需要發揮豐富的想像力去思考。想想看，把海藻的微小孔道放在神經細胞裏會發生甚麼——利用光，我們就可以直接操縱神經細胞的活動。這個設想在 2005 年變成了現實。在幽幽藍光的照射下，科學家可以讓神經細胞像機關槍一樣不停地發射，可以讓小蟲子扭動身體，可以讓果蠅以為自己聞到了難聞的氣味。

而接下來，自然會有人去嘗試在大腦中創造記憶。

麻省理工學院的利根川進（Susumu Tonegawa）首先做了這方面的嘗試。他提出了一個這樣的問題：「有沒有可能，在動物大腦中植入虛假的場景？」這個問題有着毋庸置疑的現實基礎。畢竟，從文字圖畫到喜劇電影，從 iMax 到 VR，人類文藝作品的一大追求就是「現場感」，能讓人如同身臨其境，進入一個從未親歷的場景中。對大腦直接動手肯定是最方便、最有現場感的辦法。

他們的做法分為兩步：首先，讓小老鼠親自進入某個場景（比如一個方形、牆壁畫着圖案的籠子），這個時候如果在小老鼠的海馬體進行記錄，科學家可以知道小鼠是如何感受和體驗這個場景的。比如，在 100 個神經細胞裏可能會有 10 個開始活動，另外 90 個保持不動，這 10 個活動細胞的空間位置分佈本身就編碼了這個特定場景的空間信息。每次進入同樣的場景，小鼠大腦都會出現非常類似的反應。

總結出規律之後，緊接着開始第二步。利根套用聰明老鼠的套路，把蛋白質輸送到所有代表方形圖案屋的神經細胞裏去了，只不過這次輸送的不是讓老鼠聰明的「裁判」蛋白，而是讓細胞感光的微小孔道。這樣一來，只需要對着小鼠的大腦打開藍光燈，小鼠的腦海裏就會出現虛假的回憶，哪怕牠此刻其實身處圓形的泡泡屋，牠也會以為自己身處方形圖案屋！

沿着這個思路，我們可以展開充份的想像。除了植入簡單的場景，我們能不能植入一段完整的記憶？除了植入記憶，我們能不能擦除一段希望忘記的記憶？除了利用自身的經歷，能不能實現記憶的傳播——把一個人的記憶讀取出來，然後植入另一個人的腦裏？到最後，我們能不能直接在電腦裏先生成一段完全虛假的記憶——比如在冥王星上面朝大海——然後植入人腦？

其實說到這裏，我們還是必須承認，關於學習和記憶，我們還有太多的東西並不知道。

特別是對於人類而言，學習決不僅僅是具體生活經驗的記憶和應用。三人行必有我師，我們能夠通過觀察他人的行為來學習，不需要重新犯一次別人犯過的錯誤。從文字到方程，從哲學思想到藝術理論，我們可以跳出生活經驗，學習理解抽象的模式。對於這些學習過程，我們的理解仍然非常淺陋。

但是，我想我們仍然可以説，在這個多變的世界裏，學習和記憶對於智慧生命的生存和壯大至關重要。沒有學習，每一次太陽升起，對於生物來説都是全新和陌生的一天；有了記憶，對於一個生物個體、一套遺傳物質而言，只要給它足夠的時間，它就可以觀察、積累和適應。而對於一個生物群體來説，學習還能幫助牠們把經驗和感受一代代傳遞下去。在今天的世界上，人體的生物學演化速度根本無法趕上技術和信息積累的速度，但是我們至今仍然沒有掉隊。學習和記憶，就是我們最有力的武器。

第 8 章

社交：從烏合之眾到偉大社會

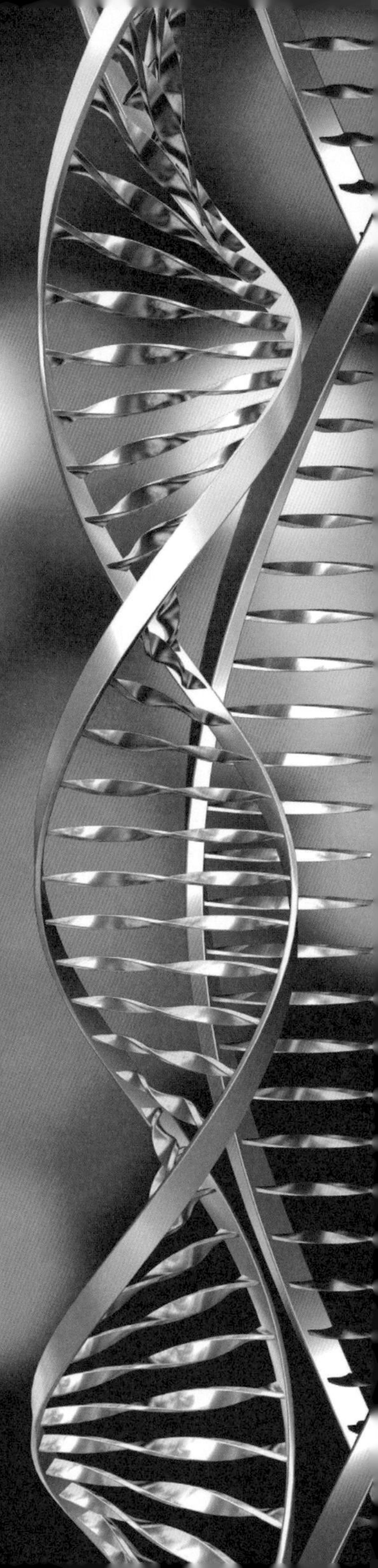

故事講到現在，有沒有覺得似乎差了點甚麼？從不安份的能量分子到原始細胞，從複雜生命的開始到逐漸掌握了觀察和學習這個世界的本領，地球生命始終是「一個人在奮鬥」。

不要誤會我的意思。我當然不是説在億萬年的光陰裏地球上只有孤零零的一個生命，而是説在我們截至目前的故事裏，每一個地球生命所能依靠的只有自己。它穿行在危機四伏的黑暗森林，每個匆匆掠去的黑影或者突然響起的怪聲，都可能隨時奪去它的生命；每一頓美餐都需要自己努力尋覓，還得提防隨時會撲上來的同類爭搶……而且我猜想，它肯定沒有甚麼傾訴的慾望，因為不管多麼婉轉的歌喉都注定無人傾聽，最大的可能反倒是招來天敵環伺。

這樣的生物當然同樣可以生存和繁茂。實際上單以數量來論，這顆星球上最成功的細菌在一生中絕大多數時間裏過的就是這樣的生活：從生到死，這世界的一切對一枚細菌而言只意味着有沒有危險、有多少食物。

小細菌的大社會

之所以説「絕大多數時間」，是因為即使是細菌，在某些特定的場合也會嘗試着呼朋引伴，做一點超越自我的事情。

比如，在 20 世紀 60 年代，大家就發現在一種海洋生物夏威夷短尾烏賊的身體裏住着一種會發光的細菌——費氏弧菌

（*aliivibrio fischeri*，見圖 8-1）。這種細菌奇妙的地方在於，單個生活的時候是不發光的，只有當一大堆同樣的細菌聚集在烏賊體內的時候，它們才會不約而同地發光。這種沒長眼睛的細菌好像有一種神秘的能力，能察覺到周圍到底有多少個小夥伴。如果小夥伴多了，它們就會相約一起點亮熒光棒，自娛自樂地來一場演唱會！

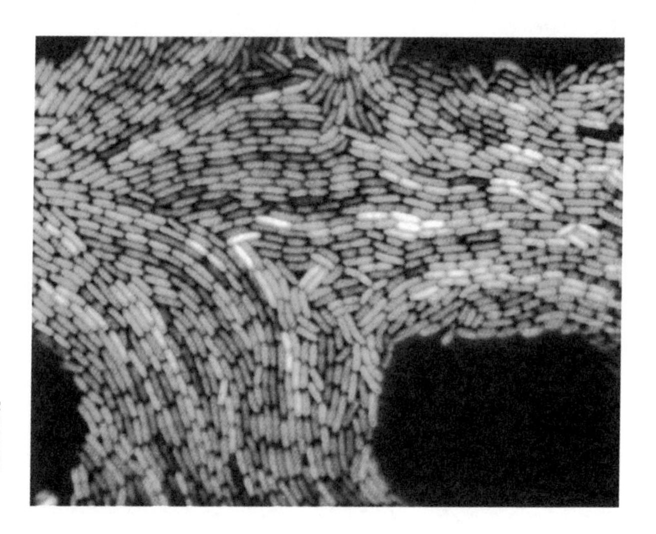

圖 8-1　高密度培養下發出幽幽綠光的費氏弧菌

可想而知，在這種現象的背後一定存在一套同類識別系統，能夠讓每個費氏弧菌都感知到周圍存在多少同類；也一定存在一套響應系統，能夠讓每個費氏弧菌在發現同伴之後點燃熒光。美國普林斯頓大學的科學家邦妮・巴斯勒（Bonnie Bassler）在過去數十年的研究中揭示了這兩套系統的工作原理（見圖 8-2），並且發現這兩套系統其實是基於同一個東西——細菌很節約。

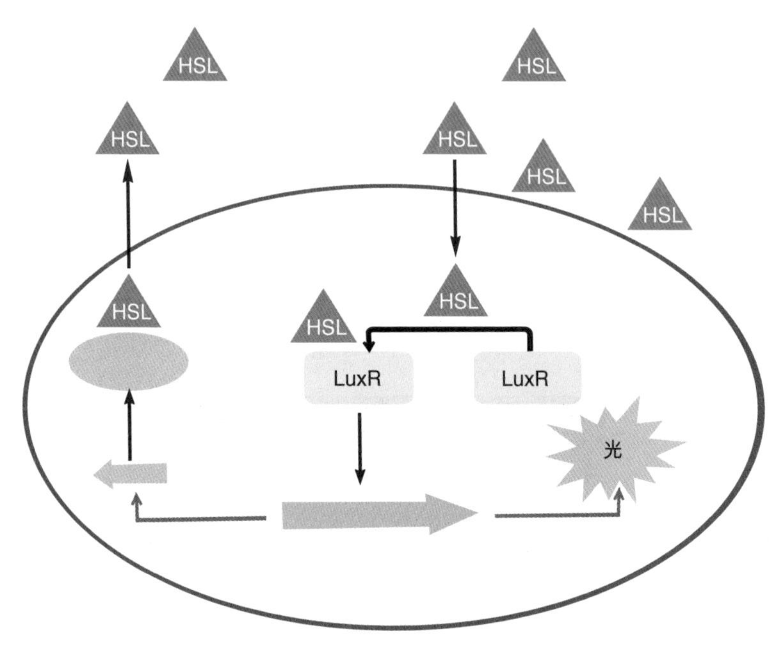

圖 8-2　費氏弧菌的發光原理。節約的細菌用同一套系統同時實現了對自我的標識、對群體的感應和發光響應。細菌通過生產和分泌「存在感」信號（HSL）標識自己，通過檢測同一個「存在感」信號來判斷周圍有多少同夥，如果同夥數量大，那麼這個「存在感」信號還能打開熒光素的生產開關（LuxR），讓細菌發光。

簡單來説，每個細菌都會持續生產並向外界釋放出一種信號分子來標識自己的存在。簡單起見，我們就叫它「存在感」信號好了。這種「存在感」信號也會重新進入細菌體內，促進它自己的生產。當細菌單獨生活的時候，周圍「存在感」信號分子的濃度非常之低，因此它的合成和釋放就會維持在低水平的平衡狀態。

但是當周圍突然出現一大群同類細菌的時候，情況就會發生劇烈的變化。環境中的「存在感」會急劇升高，它反過來也會繼續促進每個細菌繼續生產釋放更多的「存在感」信號，因此在環境中會出現一個「存在感」的爆炸式增長。而這個「存在感」信號分子身兼兩職，除了讓細菌能夠標識自己的存在之外，還能讓細菌生產更多的熒光素。因此不難想像，在「存在感」爆棚的環境裏，每一個細菌都會被點亮，烏賊的身體會變得閃閃發光。

這種看起來純屬自娛自樂的行為，對細菌而言無疑是沉重的負擔。至少我們可以想像，它們不大的身體裏就需要準備一整套感知同伴、點亮熒光的生物化學機器和對應的遺傳物質。但是這也反過來説明，這種行為一定不僅僅是自嗨，它對於細菌的生活肯定非常有用處。

確實如此。更有意思的是，這個「用處」還是通過一套特別精巧的系統實現的。一群細菌聚集在烏賊體內一起點燈，而在細菌燈光的偽裝下，細菌寄生的烏賊（見圖 8-3）就能夠在月夜下完全隱藏自己的身影，像海底的隱形轟炸機一樣悄悄接近

圖 8-3　夏威夷短尾烏賊（注意牠皮膚下透出的光芒）

獵物，捕獲一頓豐盛的晚餐。而烏賊活得好，就能給發光細菌提供更多的棲身之所——這才是細菌感知同伴和相約點燈的真正「用處」。

我們可以想像，這個「用處」要想落到實處，必須存在一大群細菌互相配合才行。單個細胞就算是能點亮熒光，那點光也遠不足以幫助烏賊和自己；而一群細菌如果自顧自地決定甚麼時候發光，來個此起彼伏的燈光秀也仍然不行。正是這個條件非常苛刻的用處，讓這種細菌能夠在夏威夷溫暖的海洋裏，用這種奇妙的方式活下來，而且活得閃閃發光——真正字面意義上的閃閃發光。

小小的細菌告訴我們，做個獨行俠當然也可以繁衍生息，但是有些更複雜、更好玩的事情，我們必須在一起才能做到。在細菌小小的身體裏，可能已經隱藏着社會、社會行為和社交天性的生物學秘密。

團結就是力量

實際上，許多動物的社會行為也同樣可以理解為幫助牠們做到了一些單個生物做不到的事情。荒野上的狼群可以集體捕獵，殺死比自己個頭大得多的獵物。反過來食草動物（比如斑馬和羚羊）也會集體行動，這樣能嚇跑一部份捕食者，在天敵來犯的時候有更大的機會活下來。更複雜一點的，還有共用巢穴、共同撫養後代等社會行為。毫無疑問，這些行為能夠幫助動物活得更安全、更有效率。團結就是力量嘛。

說到團結就是力量，最有力的證明要算那些所謂「真社會性」的動物了，比如大家耳熟能詳的蜜蜂和螞蟻。

凡是見過蜂巢和蟻巢的人，都會驚嘆於那些小小的蟲子是如何修建這樣氣勢恢宏的建築的（見圖 8-4）。人類幾乎無法設想，這些昆蟲是怎樣在沒有設計師也沒有統一指揮的情況下，建造出嚴整的六角形蜂窩或者四通八達的地下蟻穴的。特別是考慮到蜂巢的原材料要靠每隻工蜂從身體中一點點分泌出來，而蟻穴的每塊泥土都要靠工蟻一點點搬運走，牠們的建築要遠比最美輪美奐的人類建築更艱難、更偉大。

圖 8-4　蜂巢

而比建築更嚴整的是牠們的社會結構。拿蜜蜂為例，在一窩上萬隻蜜蜂的蜂群裏，一般只有一隻蜂后專司生育後代，幾百隻雄蜂專門負責和蜂后交配提供精子，而上萬隻工蜂則負責建造蜂窩、清理屍體和排洩物、採集花粉、餵養幼蟲、抗擊入侵者等任務。換句話說，一整窩蜜蜂可以看作一個動物個體，蜂后和雄蜂就是牠的生殖細胞，工蜂則是牠的體細胞。（還記得我們講過的分工的故事嗎？）從蜂窩裏單獨抓任何一隻蜜蜂出來，牠的生存能力和表現出的行為都是極其有限的。但是上萬隻蜜蜂在一起，通過複雜的社會組織，竟然可以完成看起來只有人類這樣的智慧生物才能完成的偉大工程！蜜蜂最好地詮釋了社會行為的震撼力量。

那這種嚴整的社會結構在生物學上是如何實現的呢？

通過對比蜂后和工蜂（見圖8-5），我們可以得到不少提示。在遺傳物質的層面，兩者是完全一樣的。實際上蜂后根本就是被隨機選中的：在成千上萬的蜜蜂幼蟲中，工蜂會挑一隻作為下一代蜂后培養，而且沒有證據牠們經過了精挑細選。富含糖類的蜂蜜是絕大多數蜜蜂幼蟲的食物，而這一隻未來蜂后則以蜂王漿為食——這是一種工蜂分泌的、富含蛋白質的乳白色液體。

圖 8-5　工蜂和蜂后。工蜂和蜂后的遺傳物質並無差別，是養育環境確定了牠們的形體差異和分工。

食物的不同讓「本是同根生」的未來蜂后和其他幼蟲走上了完全不同的發育路線。未來蜂后會在蜂王漿的滋養下快速成熟。牠體形碩大，身體裏發育出了大量的卵巢。交配後可以以每天 2,000 枚卵的速度生育後代。而其他幼蟲則長大變成了下一代工蜂，牠們身體較小，失去了生育能力，但無師自通地學會了從飛行到採蜜、從保衛到撫幼的一系列行為。我們可以猜測，蜂王漿中可能含有能夠促進蜂后發育的物質。而反過來，也有證據顯示，蜂蜜中含有能夠抑制蜜蜂卵巢發育的物質——比如香豆酸（p-coumaric acid）。雙管齊下，未來蜂后和工蜂的命運就此確定。

而即使是在工蜂內部，也有非常精巧的分工。人們早就發現，剛發育成熟的工蜂會負責清理蜂巢和給幼蟲餵食這些「內勤」工作。5 至 7 週之後，牠們才逐漸掌握飛行的本領，開始執行採蜜和保衛這些「外勤」任務。這種行為轉變顯然非常重要，因為它為工蜂分配了高效率的工作模式。美國伊利諾伊大學香檳分校的基恩・羅賓遜（Gene Robinson）發現了這種行為轉變背後的某些生物學邏輯。執行內勤和外勤任務的工蜂在基因表達上有一些顯著的差異，例如，後者胰島素信號的活動水平更高，一個名為「覓食」（foraging）的基因也表達得更活躍。當然，這些信號意味着甚麼，牠們是如何影響行為的，至今仍是一個謎團。但毫無疑問，一個有趣的可能就是，隨着工蜂年齡的增大，牠們大腦裏的生物化學過程影響和決定了牠們的任務分工，最終構造起複雜的蜜蜂社會。

性別的出現和複雜社交

從細菌和蜜蜂的故事裏，我們可以看到，生物因為個體之間的配合協作，能做到原本孤獨的個體做不到的事情，這些事情更宏觀，更複雜，可能也更好玩。但是社會和社會行為的意義還不只如此。特別是在性別出現之後，動物之間的社會行為又一次驟然豐富了起來。

原因很簡單。細菌的社交也許僅僅限於在特定的場合標識自己和識別同類，但對於有性別差異的動物來說，社交已經成為生存的基本需求了。哪怕牠們沒有螞蟻和蜜蜂那樣修建宮殿的雄心壯志，牠們或多或少都得參與三種社交活動：競爭配偶、求偶交配、撫育後代。對於這些動物來說，「一個人在戰鬥」的場景從理論上就已經不可能了。

為了解釋這一點，我們先說說看，為甚麼在地球生物的演化歷史上會出現性別。

必須説明，性別的出現並不是地球生命演化的必然。事實上直到今天，無性別的生物還是地球生物圈的主流——全部細菌都沒有性別的區分，同時還有上千種動物、植物、真菌也沒有性別。它們只需要靠自己就能活得很好，只要靠自己就可以繁殖後代。就拿一枚細菌來説，它們只需要在吃飯之餘定期地一分為二、二分為四、四分為八……就可以千秋萬代地永遠存在和繁殖下去。這也就是為甚麼我們可以説，現在地球上生活着的所有細菌，都是同一個細菌祖先的後代。那個偉大的祖先其實從來未曾死去，而是一直活在每一代後代的身體裏。理論上説，今天每一個細菌後代的身體裏，都還保留着最早祖先（微乎其微）的遺傳物質。

而反過來看性別的出現，我們最先看到的，可能反倒是它的天然缺陷。一個非常明顯的麻煩就是，自從性別出現那一天開始，生物想要繁殖後代就再也做不到獨善其身了。它必須在有限的壽命裏找到和自己性別不同的另一半，並與之結合，才有機會繁殖後代，把自己的遺傳物質傳遞下去（見圖 8-6）。要是沒有完成這個任務，之前億萬年綿延到它這裏的遺傳信息接力賽將就此中斷。它的祖先即使曾經十分強大興盛，也將迅速在歷史上失去蹤跡。而更要命的是，即使它辛辛苦苦找到了另一半完成了交配和繁殖的使命，它的後代身上也僅僅有它 50% 的遺傳物質。相比簡潔高效的無性繁殖，性別這件事的費效比其實低得驚人。更不要説在這個過程中，它還需要和同性其他個體競爭上崗，需要努力博得異性的歡心，最後可能還需要小心翼翼地照顧後代。

然而我們的日常經驗大概會得出完全相反的結論：我們能觀察到和想到的幾乎所有生物，都存在性別差異。有一個簡單的檢驗方法是看看我們的餐桌，從雞鴨魚豬牛羊這些肉食，到青菜白菜蘋果香蕉這些蔬果，再到米飯麵條紅薯馬鈴薯這些主食，無一例外都是有性別的生物。（當然必須指出，在農業生產中，有些時候我們會用無性生殖的方法來培育它們，比如馬鈴薯和紅薯。）

套用本章開頭的邏輯，我們可以想像，既然在巨大的代價之下，性別仍然可以如此頑強和廣泛地存在，而且越是複雜的

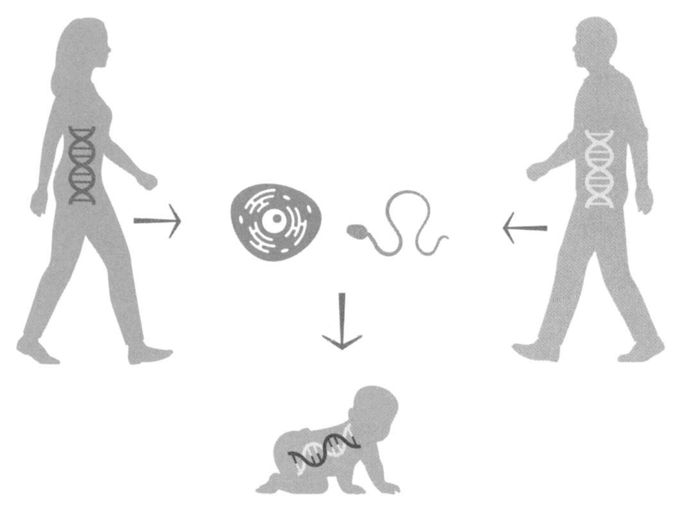

圖 8-6　有性生殖的示意圖。有性生殖初看起來是一種費力不討好的生殖方式，個體需要費心費力找到「另一半」，卻又只能遺傳 50% 的遺傳物質。相比之下，無性生殖的個體光靠自己就可以繁殖，而且可以傳遞自己 100% 的遺傳物質。

生物就越是普遍存在性別，說明性別一定有更加巨大的演化意義，足以抵銷它的缺陷。

必須承認，性別具體有甚麼樣的好處，這些好處是不是真的在一定程度上足以抵銷性別的代價，實際上直到今天仍然沒有被一致接受的解釋。但是目前至少已經有幾個相當可靠的猜測。比如，相比總是一個人戰鬥，總是持續地一分為二、二分為四的無性生殖，異性相吸的有性生殖要更容易創造多樣化的後代，因此更能適應多變的地球環境。

我們假設一個場景。假設有一種小生命快樂地生活在原始地球的溫暖海洋裏，本來每天吃吃喝喝，到點分裂出兩個後代，活得挺滋潤。但是突然有一天，海洋的溫度和酸鹼度同時發生了劇烈的變化，水溫上升攝氏10度，pH值下降了5。可想而知，新環境對所有活着的生物都是一種嚴峻的考驗，它們當中的絕大多數估計撐不過這一次挑戰。

現在，我們來假設一下甚麼生物能活下來。我們知道，遺傳物質複製存在概率非常低的錯誤，這也是生物多樣性和自然選擇的基礎。因此我們可以做這樣的猜測，如果海洋中本來就有一些出現變異的小生命，它們同時能夠抵抗高溫和酸性環境——或者說，它們身體內攜帶了「抗高溫基因」和「抗酸性基因」——這些幸運兒就能活下去，並且很快成為新環境的主宰。

但是問題來了，兩種變異基因同時出現在一個個體上的概率，將是一個非常低的（幸運）數字。假設出現一個基因變異的概率是一億分之一（這其實已經是過分高估的數字了），那兩個變異基因同時在一個個體上出現的概率，將只有一億億分之一！這個數字在現實中幾乎就等於說，這種可能性壓根兒就不存在了。換句話說，這種快樂的小生命，不管它在海洋中已經繁殖了多少個個體，繁衍了多少代，將在這次環境劇變中徹底滅絕。

在這種場合，本來顯得累贅煩瑣的有性生殖就有用武之地了。對於存在性別的生物來說，只需要父母雙方分別攜帶一個變異基因——比如父親是「耐高溫」，而母親是「抗酸性」（見圖8-7）——在它們交配繁衍的後代中，就會有一定比例是同時攜帶兩個變異基因的，這些後代就可以幸運地存活下來。在這個情景下，我們對變異基因出現的概率要求就低多了，只需要兩種變異基因分別出現在不同個體就可以。如上所述，這種可能性是一億分之一，有性生殖將這種小生命存活的概率提高了一億倍！

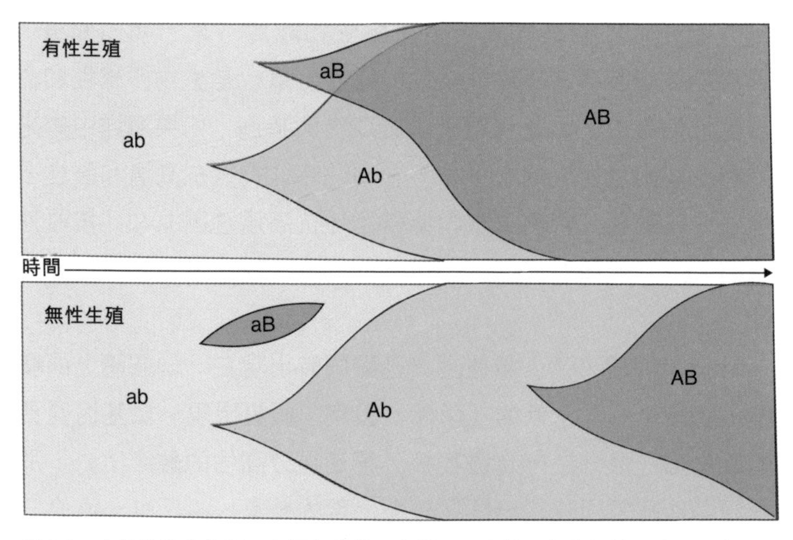

圖 8-7　有性生殖條件下，有好處的基因突變可以更快地佔據優勢。我們不妨把 A 理解成耐高溫基因，B 理解成抗酸性基因。那麼理論計算的結果是，兩種基因突變可以通過交配繁殖快速集中在後代體內（AB），效率要比無性生殖高得多。

這個假想案例告訴我們，以求偶、競爭和撫育後代為代價，性別的出現和有性生殖將極大地增加生物個體之間交流遺傳信息的頻率，為後代創造更大的遺傳多樣性。這種可能性在環境巨變的時候將成為物種存續的救命稻草。我們也可以想像，或許正是這種可能性，讓幾乎所有複雜地球生物都選擇了保留性別這個看似累贅的負擔。

也正因為此，地球生物的社交生活一下子變得豐富多彩起來。首要的原因當然是有性生殖創造了更大的生物多樣性，讓更多的生物性狀（從外形、生理、習性到社交行為）得以出現。而與此同時，也因為性別的出現，讓很多社交行為（比如異性間的求偶、同性間的競爭、對後代的撫育，等等）成了生存和繁殖的必需。

動物社會和社會行為從此開始流傳世界、蓬勃興盛起來。

求偶社交：對面的女孩看過來

我們就用一種特別的社交行為來說明問題吧：尋找配偶。

性別的分化意味着想要繁殖後代，讓自己的遺傳物質繼續流傳，每個動物個體都要首先找到和自己性別不同的另一半，擊敗各路潛在的競爭對手，展開熱情的追求，最終贏得另一半的歡心。我們人類尋找伴侶其實也是這個畫風。

這種行為貌似無師自通，但是仔細想來其實非常複雜。

首先，怎麼找另一半？換句話說，一個動物個體怎麼知道自己是甚麼性別，又怎麼確認其他個體的性別，然後判斷出誰的性別和自己不一樣、是合適的求偶對象呢？

對實驗室動物的研究能夠給我們一些有趣的提示。對於小鼠和果蠅這兩種截然不同的實驗室動物來說，雄性識別雌性的原理其實非常相近：「聞香識女人」。公老鼠能夠聞到母老鼠尿液裏的一些化學物質，牠們就靠這個信息來鎖定交配伴侶，然後「性」致勃勃地展開追求。雄果蠅也類似，牠們可以通過味覺系統「嘗」出雌果蠅身體上攜帶的某些化學物質。實際上，如果把這些雌性特有的物質添加到其他雄性身上，雄鼠和雄果蠅就會變身「同性戀」，同樣「性」致勃勃地對雄性展開攻勢了。

因此，我們首先可以推測出一個並不令人吃驚的結論：動物依靠各式各樣的感覺刺激來分辨性別，就像人類可以從長相、服飾乃至頭髮的長短來判斷性別一樣。

而接下來的任務就要複雜一些了：識別出了「可人」的另一半之後，動物如何展開追求和競爭？

在人類社會，追求和競爭活動一般由男人來完成。不管是買玫瑰、送巧克力，還是唱情歌、獻殷勤，又或者是一擲千金來個物質攻勢，本質上男人做的事情都是一樣的：向女人證明自己是優越的伴侶，並且自己比其他競爭者更優越。實際上在大多數地球生物中，都是雄性在主導求偶和競爭的環節，而雌性擁有最後的選擇權。

你可能會覺得，人類社會的求偶競爭已經離題萬丈。畢竟不管是巧克力、情歌還是寶馬車，本質上和交配、繁殖、傳遞遺傳物質這件事的成功率毫無關係啊。

但是你將會看到，為了成功地找到配偶，許多雄性動物做得遠比男人離譜。

來自澳大利亞和新畿內亞的園丁鳥提供了一個絕佳的案例。雄性園丁鳥往往會花上好幾個月甚至好幾年的時間精心建造一個自己專屬的求偶場地。牠們會清理出一塊乾淨的地面，用心鋪上厚厚的苔蘚，然後用樹枝搭建一個像寶塔一樣的亭子。很多時候，牠們還會到處搜集色彩鮮豔的裝飾品（花朵、果實、昆蟲的外殼、甚至人類生產的工業品）來裝飾這個場地（見圖8-8）。完成之後，牠們會在求偶場地上鳴叫、起舞，直到有雌性受邀前來。在整個過程中，雌鳥會反覆考察好多個不同的求偶場所，判斷誰家的裝飾最美觀、誰家的亭子最堅固，最終選定一個真命天子。

圖 8-8　一隻雄性園丁鳥在精心裝飾自己的求偶亭

請注意，整個過程裏最詭異的地方在於，這個精心準備的求偶場所是地地道道的面子工程。它既不能住，也不能用來產卵和孵蛋，甚至大多數時候都不能用來儲藏食物。它唯一的目的就是吸引雌鳥前來交配。更要命的是，這隻雌鳥之後還不得不自己重新搭建一個鳥巢用來撫育後代，而那個時候已經完成交配任務的雄鳥早就跑得沒影了！相比公園丁鳥，至少同樣喜歡「面子工程」的男人準備的巧克力還能吃，開來的寶馬車還能坐啊。

除了勾引雌性，雄性動物之間也會經常展開直接的競爭，勝利者自然而然擁有更多的交配機會。和很多人想像的不同，雄性之間的競爭往往並不是明刀明槍的實戰，反而是虛聲恫嚇的場景更多一些。比如，人類的近親黑猩猩往往形成小集團過集體生活，裏面領頭的那一隻公猩猩享有絕對的交配權。如果集團裏有另一隻不安份的公猩猩想要取而代之，那麼兩者之間就會爆發場面激烈的衝突，面對面大聲吼叫，劇烈地捶打前胸，互相踢腿。但是一般而言，這些動作主要是為了讓對方知難而退，而不是真的把對方打趴下。在幾個回合的交鋒之後，弱勢一方往往就會認輸撤出戰場，主動放棄交配權的爭奪。

也就是說，不管是園丁鳥的炫耀，還是黑猩猩的捶胸頓足，本質上都是沒有甚麼實際用途的行為。但是牠們再生動不過地展示了，在性別出現以後，地球生物為了成功繁殖後代、繼續傳遞自己的遺傳物質，可以發展出怎樣複雜和多姿多彩的社會行為來。

語言：偉大社會的基礎

說到這裏，社會和社會行為的基礎我們已經討論得差不多了。眾多生命個體聚集在一起相互配合和響應，能夠完成個體無法完成的複雜任務；而性別的出現進一步豐富了社會行為的層次和形態，甚至在此基礎上，還能催生出看起來毫無實際用途的花架子社交行為來。

但是要構造一個真正的偉大社會，這還遠遠不夠。

在上述所有的社交方式中，生物個體之間能傳遞的信息是非常有限的。發光細菌的例子自不必説，它們能傳達和接受的信息只有一個，就是「存在感」信號的強弱。即使是到園丁鳥的案例裏，儘管雄性園丁鳥能作出讓人嘆為觀止的建造行為（實際上在西方殖民者第一次看到園丁鳥的求偶亭的時候，他們無論如何都不相信這是鳥的傑作），但是公鳥和母鳥之間的交流仍然是非常有限的，僅限於選擇和被選擇。

蜜蜂的交流當然要更上一層樓。比如早在 20 世紀 40 年代，奧地利科學家卡爾·馮·弗利希（Karl von Frisch）就發現，採蜜歸來的工蜂可以通過一種特別的搖臀舞蹈（見圖 8-9）來展示食物的位置。蜜蜂會一邊快速擺動尾巴一邊在蜂巢上沿直線爬行，周而復始重複多次。直線爬行的角度標識了食物（相對於太陽）的方向，而直線爬行和搖臀舞蹈的時間則標識了食物的距離。弗利希的研究一開始被同行嗤之以鼻，認為是異端邪説或者是牽強附會，但是在過去的大半個世紀裏，人們逐漸意識到，互相交流食物和危險信息的能力在動物社交生活裏普遍存在，而使用的媒介除了蜜蜂這樣的視覺信息，還有嗅覺信息、味覺信息、聽覺信息、觸覺信息，等等。

實際上回頭看，蜜蜂的案例倒是可以自然而然地證明信息交流在複雜社會中的重要性。像蜜蜂和螞蟻這樣高度社會化的昆蟲，彼此間要是沒有高效的交流方式反倒奇怪了。因為沒有交流也就沒有信息共享，沒有交流也就談不上複雜的社會分工，

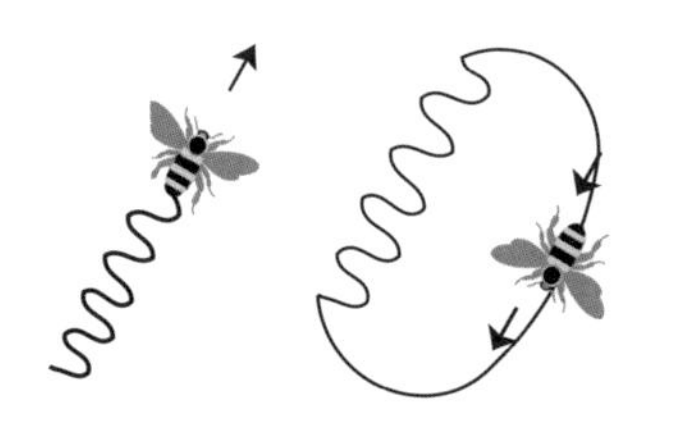
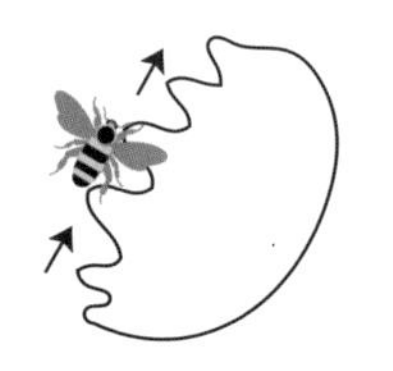

圖 8-9　蜜蜂搖臀舞

那麼一群生物個體就只能是各自為戰的「烏合之眾」，根本發揮不了「團結就是力量」的神奇作用。

說到這裏，我們最後的假設已經呼之欲出了：人類高度複雜的社會構成同樣需要複雜的信息交流工具，它的基礎就是獨一無二的人類語言能力。

我們先來看現象，人類社會的信息共享和社會分工遠遠超越了任何其他地球生物。借助書籍、信件、媒體和互聯網，人類社會的信息共享真正做到了跨越時間和空間的限制。今天的我們可以通過閱讀兩千年前的《史記》了解鴻門宴上項莊舞劍的前因後果，也可以上網查詢萬里之外的美國總統特朗普又發了甚麼推特。如果橫向比較一下的話，這一段文字所蘊含的信息量，要遠遠超過一窩蜜蜂傳達一輩子的信息。而就在我們做這些事的時候，整個人類世界在一天的時間裏所產生的數據，幾乎相當於古代社會數千年的總和！

而在信息交流共享的大背景下，社會分工同樣越來越精細和個性化。在動物社會中，社會分工往往依靠生理差異，比如個頭大的雄猩猩會更有機會成為頭領，帶領整個小團體生活；吃蜂王漿長大的蜜蜂會變成蜂后，承擔起繁殖後代的使命。可想而知，這種類型的分工必然是粗糙的，顯而易見的生理差別（比如體形、年齡）非常有限，一個群體內的多樣化是沒辦法被發掘出來的。而人類社會則大大不同，越來越嚴密的教育、篩選和考察系統，使每個個體都在非常豐富的維度上被定義和分類——價值觀、智力高低、體能優劣、友善度、內向外向、邏輯思維、語言能力，甚至是顏值和衣着品位，然後進入不同的職業和人生發展通道。當然，我們往往會詬病這套系統裏的各種問題，一考定終身啊，或器物化活生生的人啊，等等。但是在我看來，問題恰恰在於我們的教育、篩選和考察系統還不夠精細，還不足以真的讓每個個體都展示出自己精彩和獨特的內涵。

無論如何，人類獨一無二的語言促成了如此複雜的信息共享和社會分工。在語言學家艾弗拉姆·諾姆·喬姆斯基（Avram Noam Chomsky）看來，人類語言的獨特性質就像搭積木：在某種基本的框架約束下（也就是所謂語法），我們可以隨心所欲地將各種詞彙組裝起來，來表達我們的思想——哪怕這個思想亙古以來首次出現，哪怕這個思想所指代的事物普天之下聞所未聞。例如，在「積木」原則的指引下，我們可以毫無障礙地説出「如果月球變成立方體的，那我們就可以在立方體的邊緣開一個懸崖派對了」。説這種一派胡言是任何其他地球生物都辦不到的，而只有具備這種胡言亂語的能力，才能為信息共享和社會分工提供幾乎空間無限的信息載體。

而一個顯而易見的問題就是：人類這種獨特的語言交流能力是如何實現的？要知道，我們和近親黑猩猩的遺傳物質差異微乎其微，生理特徵甚至相貌的相似度都很高。但是黑猩猩只能通過極其有限的聲音和動作來傳遞信息，相對應地，黑猩猩一般也只會形成二十多隻的小型集團一起生活。那人類語言難道是有一天突然從石頭縫裏蹦出來的嗎？

還別說，上面提到的語言學大師喬姆斯基就一直在鼓吹人類語言是突然出現的偶然現象。更要命的是，因為語言是一種看不見摸不着的東西，很難追溯到遠古時期，而大腦本身也很難變成化石，因此人類祖先的化石證據也很難一錘定音地說明人類語言到底是甚麼時候出現，又是怎樣和猩猩們的粗淺交流分道揚鑣的。直到今天，人類語言的起源和演化仍然是眾說紛紜。

但是從生物學視角，我們倒是可以做一點有趣的探究。

19 世紀下半葉，法國醫生皮埃爾・保羅・布羅卡（Pierre Paul Broca）收治了一位很奇怪的患者。此人智力正常，完全能理解別人說話，自己的發音功能也沒問題，但是就是無法把詞彙順暢地組裝成句子。我們用中文打個比方，如果要表達「我今天中午想吃麵條」，他大概會說成這樣：「麵條……今天……吃……我……中午。」在這位病人死後，布羅卡醫生為他做了屍體解剖，發現他左腦的一個區域（名為額葉，位置大概就在我們額頭內）受了嚴重的內傷。因此布羅卡醫生猜測，也許這個大腦區域的作用，就是形成語法，就是語言積木的大框架。無獨有偶，稍晚一些，一位德國醫生卡爾・威爾尼克（Karl Wernicke）也發現如果左腦的顳葉部份——比布羅卡發現的區域稍微靠下一些——出現問題，病人也會失去語言能力。

這些病人的表現很不一樣，他們可以流利地說話，但是說出來的是毫無意義的組合，比如「麵條今天吃我中午」。與此同時，這些患者和布羅卡的病人不同，他們還喪失了理解別人語言的能力。

從那時候開始，人們逐漸開始理解人腦如何理解和產生語言。更多的案例證明，兩位醫生發現的大腦區域——後來分別被命名為布羅卡區和威爾尼克區（見圖 8-10）——分別側重於語言的表達發聲和語言的理解。更重要的是，這兩個區域內部以及連接兩個區域的神經細胞，在猩猩的大腦中要弱小得多。考慮到人類語言的獨特魅力本來就在於語法框架下詞彙的自由組合，再考慮到布羅卡區和威爾尼克區對於語法結構的重要性，我們可以猜測，可能正是這些大腦區域的演化給人類帶來了獨

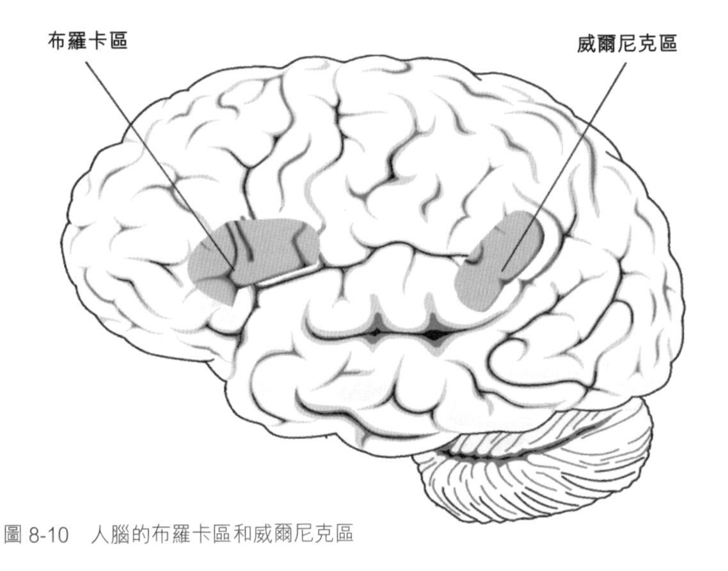

圖 8-10　人腦的布羅卡區和威爾尼克區

一無二的語言能力。

那這些獨特的大腦構造又是從何而來的呢？

近年來，有一個名為 FOXP2 的基因引起了不少的關注。如果這個基因出現遺傳突變的話，病人的表現和布羅卡區因為疾病或者外傷發生問題的患者很像，説話很慢，咬字不清，而且語法亂七八糟。更有趣的發現是，這個基因在人和黑猩猩之間只有兩個氨基酸的微小差別；而這點差別的來源大致可以追溯到十萬至二十萬年前，恰好就是我們現代人類（人科人屬智人種）誕生的時候。因此，是不是有可能恰恰是 FOXP2 基因的變異讓人類和黑猩猩的語言功能天差地別，最終讓具備高級語言功能的現代人脱穎而出？如果確實如此的話，那 FOXP2 基因區區兩個氨基酸的變化又是如何塑造人類獨一無二的大腦，讓我們能夠聽懂別人的語言，並能夠講出流暢的語句的？遺憾地説，我們還不知道。

但是講到現在，偉大社會的三塊奠基石已經呼之欲出了：為了對抗面目千變萬化的大自然，生物體放棄了「一個人的戰鬥」，呼朋引伴地走到了一起；性別的出現催生了生物多樣性，為更複雜的社交提供了遺傳學的準備，更是讓尋找配偶的社交方式五花八門、無所不用其極；最後，語言的出現讓更精細的信息分享和分工成為可能。

就這樣，我們這種在相貌體能上和猩猩相比並沒有甚麼優勢的物種，開始了偉大社會的建造工程，並在二三十萬年的時間裏，從無到有地建設起了壯麗巍峨的人類文明。

第 9 章

自我意識：我是誰

好了，現在我們知道生命源於能量，遺傳信息需要複製，分工帶來複雜性，而心智的萌芽依靠與客觀世界的交流握手和學習互動。但是我們必須承認，這幾條全部加起來，也遠不足以為「智慧」這個詞給出一個完整的描繪。

原因很簡單。哪怕是基於人類當前的技術水平，我們也不難想像出這麼一台機器，它能夠按照固定的程序裝配零件，組裝出一台台和自己完全一樣的機器；這台機器自身的零件和程序顯然會非常複雜；而這台機器也完全可以（並且必須）從各種傳感器那裏獲得周圍世界的許多信息：耗電量、時間、裝配速度、零件供給情況、是否出現磨損，等等。這台機器甚至還可以通過程序輸入實現「學習」，能夠和其他機器聯網形成互動的「社群」。但是即使是機械人生命最熱烈的擁躉，大概也不會承認這台機器已經是一個智慧生命了吧！

那麼在一台精緻複雜的、可以自我複製、能夠採集客觀世界信息的機器，和看起來柔弱的、難以捉摸的智慧生命人類之間，到底還差了些甚麼東西呢？

也許一個簡單的回答是：「我」。

鏡子裏的自己

不需要解釋，讀者都明白「我」是甚麼含義——就是手捧本書、正讀到這句話、腦海中正在表達讚賞或者不屑的那個人類個體。這種關於自我的感覺在成年人中是如此地普遍和本能，就像呼吸和眨眼一樣自然，以至於想要通俗地解釋它到底是怎麼回事，反而會變得很不容易。

對於絕大多數成年人來說，我們能意識到「我」是這個世界上一個非常特別的存在。「我」可以控制這個身體的喜怒哀樂、跑跳休息，「我」可以和其他很相似的人交朋友、談科學，「我」也可以爬上高山、潛入深海、探索大千世界。而且，在這一切具體的活動之上，「我」和周圍所有的其他人、和「我」每天接觸的環境都是截然不同的東西，有一道森嚴的壁壘區分「我」和除此之外的一切。

是不是聽起來還是太玄乎了？我只想說，這種聽起來特別玄乎的「我」的概念，也是有清晰的物質基礎的。它不是虛無縹緲的哲學概念，而是孕育在我們人類大腦中的一種能力。我們至少可以從幾個小例子中得到一些啟發。

先說第一個例子。即使是對於人類來說，自我意識也並不是天生的，而是隨着嬰兒的發育逐漸獲得的能力。有過育兒經驗的讀者可能會有過觀察，小寶寶剛剛開始說話表達願望的時候，可能會說「媽媽抱」「寶寶餓」。但是通常在這時候小寶寶還不會使用「我」，不會說「我餓」或者「我想吃奶」。「我」這個字出現在孩子的語言裏要晚一些，差不多在一歲半到兩歲這段時間。這個小小的變化，也許就反映出自我意識的萌發。

這個例子是不是有點太「民科」、太不嚴肅了？難道就不能是孩子語言功能和大人有差異，或者孩子就是不高興用「你我他」這些玄乎的代詞說話？先別急，我要說的第二個例子就是，確實有相當一部份人直到成年也無法完全領會和使用「我」

來說話。一個特別重要的群體就是自閉症（autism spectrum disorders，又叫孤獨症）人群。這是一種發病率超過千分之一的、以社交障礙為主要標誌的精神疾病。有一部份患有自閉症的病人，對於掌握「你」「我」「他」這樣的人稱代詞，或者描述自己做過和觀察到的事情，會存在特別的困難。比如說，讓一個自閉症患者描述剛才做過的事情，他 / 她可能會熟練地說「吃蘋果」「坐汽車」，但就是不能把「我」和這些事情聯繫在一起，說「我吃蘋果」「我坐汽車」。通過這個例子，我們也許可以更進一步地確認，自我意識不光不是與生俱來的，而且還有出錯的可能。

即使是在複雜的語言功能之外，也有一些行為證據提示我們人類嬰兒會在發育過程中慢慢產生「我」的概念。假想一個情景，要是我們走路的時候手拎的包不小心被腳踩到、走不動了，我們會自然而然地抬起腳重新提起包然後繼續走路。這個看起來特別簡單的任務，實際上有一個前提，那就是我們得知道「我」的腳是「我」沒辦法繼續走路的原因。

如果類似的任務給孩子來做呢？有心理學家借此開發出了所謂的「購物車」實驗（見圖 9-1）。給小朋友一輛迷你超市購物車，讓他們往前推，推到自己媽媽身邊。但是在執行任務的時候給孩子設了一個陷阱：研究者把購物車和孩子腳下的墊子固定起來了。這樣一來，除非孩子走下墊子，否則是根本沒辦法推動購物車的。研究者發現，16 個月大的孩子在這個任務裏會拚命（但是徒勞）地往前推購物車，而 21 個月大的孩子就會很快搞清楚訣竅所在，走下墊子從側面甚至前面來移動購物車。

這個觀察說明，人類嬰兒在 16 個月到 21 個月這段時間裏會，開始理解「我」的身體。大家注意，這個時間段恰好和孩子開始使用「我」這個詞的時間差不多。

圖 9-1　購物車實驗。來自加拿大 Dalhousie 大學克里斯 · 摩爾（Chris Moore）實驗室。

你可能還會繼續窮追不捨地發問，說來說去還是一些比較主觀和複雜的指標，你有沒有辦法直截了當地證明給我看，自我意識是怎麼回事，誰有或者沒有自我意識？

1970 年，美國圖蘭大學的心理學家戈登 · 蓋洛普（Gordon G. Gallup Jr.）發明了非常簡單的鏡子實驗（mirror test）來度量自我意識。這個實驗的邏輯是很簡單的。我們都有經驗，不管我們穿得多新潮、髮型多古怪，當站在鏡子面前時，我們都能立刻明白鏡子裏的那個人是「自己」，而不是自己的一個同類突然闖入了鏡中世界戲弄我們。蓋洛普把這個經驗推廣了一點點：他把黑猩猩麻醉了之後在牠臉上畫了幾個小紅點，然後看清醒以後的黑猩猩怎麼照鏡子。果然，就和人的經驗一樣，醒來的黑猩猩照了鏡子之後，立刻意識到其實是「自己」的臉上出現了奇怪的紅點，而且還抓耳撓腮地想要抹掉這些紅點（見圖 9-2）。特別有趣的是，蓋洛普發現如果實驗的對象換成獼猴——一種比黑猩猩低等不少的靈長類動物——結果就完全不同：獼猴哪怕是照上幾個星期的鏡子，也意識不到鏡子裏就是牠們「自己」。牠們每天忙着和鏡子裏的「新朋友」打鬧或者玩耍，更談不上還會找鏡子擦掉臉上的小紅點了。一面鏡子就把一種認識到自我存在的能力清楚地展示了出來。

圖 9-2 黑猩猩完成鏡子實驗

鏡子實驗第一次把對自我意識的研究從玄乎的哲學和心理學思考推廣到了實驗科學，從萬物之靈的人類推廣到了動物界。此後，全世界的科學家開始樂此不疲地把不同的動物帶到鏡子前，看看誰能認出鏡子裏的自己，誰只會傻乎乎地對着鏡子打鬧或者好奇。現在我們知道，能夠通過鏡子實驗的考驗、成功地認出「自己」的動物統共也就十種左右，而且大多數是那些人們日常認為的「聰明」動物：大猩猩、倭黑猩猩、海豚、大象、（看起來濫竽充數的）喜鵲，等等。利用鏡子實驗，我們也進一步確認了人類的自我意識就是差不多在一歲半到兩歲之間形成的：因為在 18 個月大的時候，有一半的孩子照鏡子的時候能夠明白鏡子裏出現的就是「自己」，如果給他們的鼻子偷偷塗了口紅，他們會努力把自己鼻子上（而不是鏡子裏）的口紅擦掉；而另一半孩子還不能做到（見圖 9-3）。

圖 9-3　人類兒童在接受鏡子實驗

和人類的表現類似，像黑猩猩、海豚、喜鵲這樣的動物也可以通過鏡子實驗。相反，貓、狗、獼猴這些動物在照鏡子的時候，會將鏡子裏的形象識別成另一個同類動物，甚至還會表現出懼怕、威嚇、玩耍這樣的社會性行為。鏡子實驗簡單清晰地顯示了人類（和少數動物）的自我意識，到今天仍然是檢驗自我意識的黃金標準。但是圍繞鏡子實驗也有很多爭論。例如，並不是通不過鏡子實驗的動物就一定沒有自我意識（盲人顯然無法通過鏡子實驗；那些天生懼怕目光對視的動物也很難通過）。再比如說，鏡子實驗並沒有一個非黑即白的邊界，有些動物在接受訓練後可以獲得這種能力（例如獼猴），但是很難想像這意味着獼猴可以「學會」自我意識。

儘管沒有特別嚴格的科學證據，但是我們不妨大膽猜測，自我意識是人類許多複雜的情緒和思考能力的基礎。許多簡單的情緒（例如恐懼、憤怒、快樂）在很多相當低等的動物中都已經出現了，這些情緒能夠幫助動物躲避危險、延續生命、繁衍後代。但是更複雜的一些情緒，例如羞恥感（「我」做了件錯事）、成就感（「我」做成了一件事）、好奇心（「我」想知道為甚麼）、責任感（「我」做了甚麼，因此「我」要承擔後果），缺少自我意識的話是很難想像的。而這些複雜的情感，很大程度上就是智慧生命發展壯大乃至走出家園探索宇宙的動力。因此，即使放眼全宇宙，似乎也很難想像會存在沒有自我意識的智慧生命。

我思故我在

那麼，自我意識到底是怎麼回事呢？

勒內·笛卡兒是法國偉大的哲學家、科學家和數學家。笛卡兒對人類文明居功至偉，特別是在西方哲學和解析幾何學領域的奠基工作。即使是對哲學沒有任何興趣的讀者，大概也都聽說過笛卡兒那句名言——「我思故我在」（拉丁文：Cogito, ergo sum）。利用這句話，笛卡兒第一次嚴肅討論了「我」，也就是自我意識的源頭。笛卡兒說，世間萬事萬物不管看起來多麼確鑿無疑，都是可以被懷疑和辯駁的，但是唯一毋庸置疑的事就是「我在懷疑」這件事本身。那麼既然「我在懷疑」這件事一定是真的，那麼「我」的存在也自然是確定不移的。當然了，在笛卡兒之後，多少代偉大哲學家對這種論證自我意識的方法進行了各種辯駁和挑戰，這些反覆詰難最終也成為現代哲學的基石。比如，一種批評是，通過笛卡兒的論證，我們充其量可以說，確實存在一個「在懷疑的實體」，至於這個實體是不是「我」，笛卡兒並沒有說明。另外一個很好玩的事情是，這句簡明上口的「我思故我在」應該說是對笛卡兒思想的錯誤翻譯（拉丁文－英文－中文）。因為如果單單從字面理解，「我思故我在」就是不折不扣的循環論證和傻瓜邏輯了：既然「我」在這句話的開頭就已經存在了，那還費勁論證「我」的存在幹嘛呢？

讓我們再回頭審視一下鏡子實驗的提示。

當我們在照鏡子的時候，我們到底是怎麼知道鏡子裏就是自己的呢？或者打一個極端一點的比方，如果弄一千個高矮胖瘦差不多的人都堆到我們周圍，每個人都戴着鴨舌帽和墨鏡，穿着黑風衣，別着左輪槍，一副黑手黨的扮相，我們還能不能準確地判斷鏡子裏到底哪個是「我」？

答案倒是也很容易想。我們只需要皺皺眉頭、招招手、扭扭腰，做點特別的動作就可以了。只要鏡子夠大眼神夠好，我們就能夠輕而易舉地看出鏡子裏那麼多黑手黨裏哪個才是我們自己：就是那個在皺眉招手扭腰的嘛！

從這個小小的思想實驗（讓我們叫它「黑手黨實驗」吧）出發，我們可以想到一個關於自我意識的簡單物質解釋。自我意識的產生需要兩方面的信息，我們需要一方面採集外部感覺信息（鏡子裏一個正在皺眉招手扭腰的人的圖像），另一方面採集自身感覺信息（我自己正在皺眉招手扭腰）。當兩方面的信息高度吻合的時候，產生一個「這就是我」的輸出，自我意識就出現了。我們甚至可以猜測得更具體一點，如果在我們的大腦裏有這麼一些神經細胞，它們能夠對相似的外界感覺輸入和自身感覺輸入產生類似的反應，那麼這些細胞也許就是自我意識的物質基礎。

而更重要的是，這個假說和「我思故我在」這樣的純粹哲學討論不同，它是可以用實驗驗證的。

好了，讀者可以看到在這個故事裏，我們是如何把一個聽起來很玄乎的哲學命題一步步庸俗化到一個可以用實驗驗證的技術化命題的。而你可能也已經猜到了：我提出這個技術命題不是沒有原因的。因為已經有人在人腦裏找到了一些這樣的神經細胞，還給牠們起了個意味深長的名字「鏡像神經元」（mirror neuron）。

20 世紀 90 年代初，意大利帕爾馬大學的神經科學家賈科莫・里佐拉蒂（Giacomo Rizzolatti）發現了一個詭異的現象。里佐拉蒂當時正在利用獼猴研究大腦怎麼控制軀體的運動。他把細細的電極插入猴子大腦中專門負責控制運動的區域，記錄神經細胞的電信號，然後在獼猴面前放上幾顆花生。他們發現，不少神經細胞在猴子抓花生的時候（甚至稍早於抓花生的動作）會產生強烈的電信號。這個發現提示了一種可能性：這些神經細胞的功能是控制「抓花生」這個動作的；當然，它們的功能也可能是負責鑒別花生的「價值」，或者是識別花生這種東西本身，等等。為了區別這些可能性，里佐拉蒂又吩咐助手給可憐的猴子擺上了各式各樣的東西，有吃的，有玩的，他們想看看電極記錄到的這些細胞到底是負責動作的，還是負責鑒別物體的。

結果很奇怪的事情發生了：這些神經細胞早在猴子做任何動作之前，在科學家給猴子換東西的時候，就已經開始產生電信號了！

在排除了所有更容易接受的可能性之後，里佐拉蒂他們終於肯定，這些猴子大腦裏的細胞，會且只會對兩種性質截然不同的事情起反應：猴子自己在「做」某個任務的時候，以及猴子「看見」別人在做這個任務的時候。例如，如果一個細胞在猴子拿花生的時候會產生信號，那麼它也會在科學家助手拿花生的時候產生同樣的信號。而如果一個細胞在科學家咀嚼巧克力的時候產生信號，那麼當猴子自己咀嚼巧克力的時候也會產生信號。簡直是不折不扣的「鏡像」（見圖 9-4）。

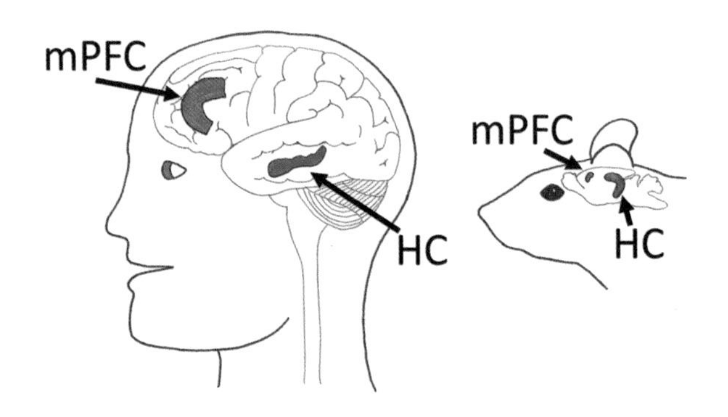

圖 9-4　鏡像神經元的示意圖。鏡像神經元是這麼一種奇怪的神經細胞：它們對動物自身的某個動作有反應，而如果動物觀察到人類在做類似動作的時候，也會產生同樣的反應。在過去二十年裏，神經科學家陸續在動物和人類的不少大腦區域中發現了具有這種奇妙屬性的神經細胞，其中絕大多數都位於控制運動的區域。很有意思的是，二十年來圍繞着鏡像神經元的思想爭論似乎遠比科學進展更引人注目。對於鏡像神經元功能有各種各樣的猜測，比較保守的猜測是這些細胞的作用是幫助我們理解其他人的行為，更激進的猜測包括模仿學習、同情心、語言能力、自我意識，等等。

鏡像神經元和人工智能的自我意識

鏡像神經元一經發現，就立刻激發了所有人——特別是民間科學家和科幻小説家——的興趣。這種神奇的神經細胞能夠同時感知自身的運動和對外界的觀察，似乎在「我」和整個外部世界之間架起了橋樑，一下子把玄之又玄的哲學命題直接和物質世界聯繫在一起了。

對於神經科學家來説，鏡像神經元的存在為他們解釋人類大腦的很多複雜功能提供了一個可能的視角。比如，有人猜測，也許人類同情心乃至道德感的基礎就是鏡像神經元。因為看到別人受苦會激發那些感受自身痛苦的神經細胞，從而在大腦中產生類似受苦的感覺。也有人說，鏡像神經元使得我們可以把其他人的動作與自己的思想對應起來，從而完美地解釋了人類何以進行複雜的情感和智力交流。

而讀者也許可以聯想到，鏡像神經元這種對自身感受和感官刺激有同樣反應的大腦細胞恰好可以幫助我們解釋自我意識和鏡子實驗的問題。讓我們再回到前面那個「黑手黨實驗」：為甚麼我們對着鏡子皺皺眉、招招手、扭扭腰，再觀察一下鏡子裏的圖像，就可以把兩者聯繫在一起，從而知道哪個黑手黨是自己？一個簡單的解釋就是這兩件事能夠激發同樣一群鏡像神經元。

當然我們不得不承認，從發現到今天二十多年過去了，人類科學家在理解鏡像神經元的道路上並沒有太多的進展，所有這些猜測直到今天也仍然只是猜測而已。在今天的主流科學界，鏡像神經元到底是一群甚麼樣的神經細胞、人腦裏有沒有鏡像神經元、鏡像神經元的「鏡像」特徵是不是一種假像等都是爭論的話題。甚至鏡像神經元是「塑造人類的最重要的物質基礎」和「20 世紀神經科學最大的謊言」這兩種說法可以並行不悖地「一科兩表」，在一向看重證據、謹言慎行的實驗科學領域裏實在是百世難尋的奇葩存在。但是，我們絮絮叨叨這一大套討論下來，大家可以看到的是，至少在今天，探討人類自我意識的本質已經不再是一個專屬哲學家的問題了。如果我們暫且接受「鏡像神經元可能和自我意識有關」這個猜想，我們可以設計一系列的實驗：人類有沒有感知運動之外的、更複雜的鏡像神經元（例如感知理性思考的）？鏡像神經元是在演化史的甚麼時候出現的？有沒有辦法徹底去除動物的鏡像神經元並觀察動物出現了甚麼問題，從而更好地理解鏡像神經元的功能？人類的鏡像神經元和其他動物的有甚麼區別？這些不同是不是和人類智慧有關？最後，我們能否根據人類鏡像神經元的特性，為電腦創造自我意識？

2017 年，谷歌公司的圍棋程序 AlphaGo（阿爾法狗）以 3：0 完勝圍棋世界冠軍柯潔。儘管在此之前，電腦程序已經先後戰勝了跳棋和國際象棋領域的世界冠軍，但人們普遍認為，圍棋可能是人類智慧的最後高地。因為相比其他棋類，圍棋的可能佈局數量要超出許多個數量級（約為 2.08×10^{170}，遠超國際象棋的 10^{47} 種可能性。要知道，宇宙間原子的數量大約也只有 10^{80}），電腦用暴力窮舉的方法不可能做到面面俱到。然而谷歌的程序員卻獨闢蹊徑利用了深度學習的方法。AlphaGo 能夠不斷地自我對弈，以這種強化學習的方法持續地提高棋力。不僅 4：1 將當年的圍棋世界冠軍李世乭斬於馬下，3：0 完勝柯潔，還下出了讓棋聖聶衛平都忍不住「脱帽致敬」的妙手。在許多討論人工智能是不是真的很快就要佔領世界的文章裏，都不約而同地提到了「自我意識」這個概念。很多人提到，AlphaGo 再厲害也不過是人類工程師的編碼而已，它沒有「自我意識」，不知道「我」是誰，僅僅能夠根據程序的指令完成任務，因此還遠遠不是真正的「智能」和「智慧」。因此，如何真正在機器中創造自我意識，就成了一個近在眼前的技術問題。

就憑目前科學對自我意識的粗淺理解，我很難想像人類可以很快製造出一個能夠說出「我思故我在」的人工智能來。但是根據上面講到的鏡子實驗和鏡像神經元的故事，構造出一台能夠輕鬆通過鏡子實驗的機械人倒應該不是甚麼難事。

從原理上簡單猜想，這台機械人只需要有一個內部傳感器能夠監測自身的動作（比如每一個機械關節的屈伸角度、兩隻支撐腳的張開距離、脖子轉動的扭力，等等），一個圖像識別和處理模塊能夠自動分析攝像頭採集的信息（例如從鏡子裏「看到」的那個機械人的樣子，包括關節屈伸、腳距離、脖子角度，等等），以及一個「自我意識」單元能夠比對前兩者產生的分析結果就行了。當這樣一台機械人信步走到鏡子前，隨意的擺頭扭腰揮手踢腿，內部傳感器和圖像識別模塊抓取的信息一經比對高度吻合，「自我意識」單元被激活，我們就能讓機械人知道鏡子裏就是自己。至少從自我意識這個角度去比較，這台機械人就已經比老鼠和猴子聰明，已經和黑猩猩、海豚、大象、人類這樣地球上最高級的智慧生命站在同一個高度了。

「我」到底是甚麼？

這肯定不對吧？我想讀者一定會有這個反應。從上面的生物學研究來看，擁有自我意識應該是件非常高大上的事情。要知道幾十億年的演化史、幾千公里的大地球，也不過就是寥寥幾種動物有了這個能力。而且這些動物，不管怎麼看都要比我們剛剛設計出這台只會照鏡子的機器高級很多啊。

沒錯，我們中的大多數可以很容易地通過鏡子實驗的測試，符合「自我意識」的客觀評價標準。但是其實我們並不需要照鏡子也可以輕鬆地知道「我」這個概念，知道附加在「我」這個概念上的許多東西：「我」的年齡身高、「我」的經歷、「我」的價值觀、「我」的情緒，等等。換句話説，不僅僅是鏡子裏的具體視覺形象能夠激發自我意識，關於我們自己的許多抽象的記憶和思維一樣可以。而這個能力，我們假想中的傻機械人顯然沒有。

自我意識的物質基礎是甚麼？它到底藏在我們身體的甚麼角落？我們有沒有可能徹底理解它，甚至利用它來設計人工智慧呢？

可想而知，這個問題回答起來非常困難。一方面，在自我意識形成的階段（大約一歲半到兩歲間），人類嬰兒的身上發生了許多劇烈的變化。除了自我意識的出現，他們還開始學習自己吃飯、有了基本的音樂感知、開始能説好多詞和短句子、有了更豐富的情緒（例如憤怒、失望和難過），因此想要搞清楚在這個階段發生的哪個具體發育事件、哪個新生成的大腦區域導致了自我意識，是件非常困難的事情。

反過來，自我意識又不像一個具體的身體機能（例如走路、睡覺、吃飯、説話，等等）可以「具體問題具體分析」。例如，儘管説話本身是一件非常複雜的事情，但它畢竟還是一個相對獨立的身體機能。相對而言，我們有可能找到和説話直接相關的大腦區域、神經環路乃至基因，它們一旦出了問題，人就會失去説話的能力，而其他的機能有可能保持正常。比如，我們在上一章講過的法國醫生布羅卡早在 1861 年就已經觀察到有些人得了「失語症」，完全無法講話或者沒有辦法把單個的詞組織成連貫的句子，儘管這些人完全能夠聽懂別人的話。後來布羅卡發現這些病人大腦皮層的一個小區域出現了問題，因此把人類語言的機能和某一個特定的大腦區域聯繫在了一起。

而自我意識就很難通過類似的手段進行研究了。我們想像一下就知道，自我意識與其説是一個獨立的大腦功能，倒不如説是一種可以出現在許多不同認知過程中的「附加」元素。在產生羞恥感和成就感等複雜情緒的時候，我們需要它；在思考和自己相關的前途事業家庭的時候，我們需要它；在社交合作等和其他人交流的場合，我們需要它；在控制自己身體的時候，我們也需要它……我們很難設想這種複雜機能從何而來，又有甚麼樣的物質基礎。

當然，我們至少可以去觀察，大腦的哪些區域和自我意識有關。神經生物學家希望更好地理解人類「自我意識」的物質基礎，他們的主要工具就是所謂的功能性磁共振成像（fucntional magnetic resonance imaging，fMRI）。這項技術的原理是通過快速掃描大腦中血管的氧氣含量，推斷出大腦哪些區域正在進行高強度的工作。這基於一個簡單的道理，工作強度越大的區域對氧氣的需求量就越大。

借用這樣的手段，神經科學家很早就知道，當人腦在思考關於「自己」的問題的時候，使用的大腦區域和思考其他事情的時候是很不一樣的。如果讓一個成年人給自己做個評價，例如「我喜歡看書」、「我沒有朋友」，同時記錄這個人大腦的活動，會發現有幾個大腦區域特別活躍；而這些區域在其他時候，例如當同一個人在評價他的朋友，或者評價一頓飯好不好吃、一張照片好不好看的時候，就沉寂下來不再活躍了。

在一項研究中，科學家要求受試者對自己進行描述和評價，或者對其他事物（一本書、一個朋友等）進行評價，同時持續不斷地掃描他們的大腦。科學家發現，大腦中有一個特別的區域在人們進行自我評價時會異常興奮。這個區域被稱為內側前額葉皮層（medial prefrontal cortex，MPFC），很多科學家認為它參與了自我意識的形成。但是人類自我意識肯定沒有那麼簡單。比如，2012 年科學家報道了一位代號為「Patient R」的腦外傷病人，這位病人大腦中的內側前額葉皮層幾乎完全被毀壞，但是他卻擁有完整的自我意識。

這些發現給了我們兩個提示：首先，人腦確實有能力把許多抽象的概念（例如興趣愛好、社交能力，等等）和「我」這個概念聯繫在一起，對於人腦來說，自我意識遠不僅僅包括認出鏡子裏的自己。

而更重要的是下面的推論：這些抽象概念，顯然不是人腦自己平白無故變出來的，而是通過學習和交流獲得的。比如人腦想要作出「我沒有朋友」這樣的判斷，並且明白無誤地把這個判斷和自我意識相連，就必須經歷交朋友、和朋友一起互動、被朋友屢次拒絕的過程；而「我喜歡看書」這樣的判斷，顯然也需要「我」有明白甚麼是書、如何看、看書的時候心情如何這樣的經歷。「我」是鏡子裏那個招手皺眉的個體，「我」是考試不及格被媽媽批評的小學生，「我」是飢腸轆轆時聞到的肉串香氣，「我」是初次表白被女神拒絕的沮喪，「我」是拿着手電筒在被窩裏偷看的郭靖黃蓉……在人類自我意識的發育過程中，並不是天生就有一個「我」，而是個體和外在世界的持續互動，綜合而成了那個豐富的「我」的概念。

因而一個順理成章的判斷就是，真正的智慧生命與那個只會照鏡子的機械人的一個本質區別就是，人類能夠通過不斷的學習和經歷，在「我」這個概念外周包裹上大量的情景、事件、價值判斷和形容詞。這種豐富的自我意識和僅僅能從非常特殊的場合——照鏡子——裏看到自己的機械人是完全不能同日而語的。

比如，有一種非常特別的精神疾病——解離性人格障礙（dissociative identity disorder，又名「多重人格」）——非常生動地説明了這中間的差別（見圖 9-5）。和正常人不同，這類病人似乎沒有能力把這些豐富的經歷整合到同一個「我」的概念上去。對他們而言，某些經歷、某些場景、某些形容詞屬一個「我」，而另外一些經歷則屬另外一個「我」。他們可能時而認為自己是一個開朗樂觀、喜好野外運動的社會精英，還記得三年前在眾目睽睽下領取行業最高榮譽的場景；時而又認為自己是一個充滿焦慮、生活「壓力山大」的城市邊緣人，經常回憶起一個月之前被老闆訓斥的委屈心情。更要命的是，這兩個「我」所能想到的事情和感受都是真實的。這種其實並不十分罕見的疾病，説明將每個人所經歷的一切整合到一起，形成一個複雜、動態且相互聯繫的「我」的概念，是一件極其複雜又萬萬不能出問題的事情。

圖 9-5　解離性人格障礙

解離性人格障礙，也就是人們俗語中的「多重人格」。在同一個軀殼內，這些患者擁有兩個乃至多個彼此獨立的自我意識，而這些自我意識此起彼伏地統治着患者的思想和身體。這種疾病可能遠比我們想像得普遍，有些醫生甚至認為有超過 1% 的人有多重人格。有一個著名的多重人格的案例：1977 年，比利・米利根（Billy Milligan）因搶劫和強姦被起訴，但他的辯護律師成功地説服了陪審團，説明米利根是多重人格患者，在作案時是他的另外兩個「自我」控制了他的身體和行為。米利根被無罪釋放並進入精神病院治療，他成為歷史上第一個因為多重人格而免罪的人。

因此我們可以相信，人類智慧中的自我意識——儘管我們還遠不知道它的本質——是一種和我們為人工智能設定的所謂自我意識截然不同的東西。我們的自我意識豐富龐雜，時刻經歷着微妙的變化，驅動着閃爍着智慧光芒的人類的情感、記憶、交流和對未知世界的探索。而我也願意用這個還遠沒有知道答案的問題來結束我們的故事。對我而言，這就像是一個隱喻：在真正理解人類智慧的道路上，還有漫漫征程等待着我們。

第 10 章

自由意志：最重要的幻覺

了解了人類如何感覺到「自我」，我們已經開始慢慢逼近人類智慧的核心。

我們討論過，能夠從紛繁複雜的感官輸入、經驗積累和人際交往中抽象出「我」的存在，能夠把「我」和周圍萬事萬物和其他人類個體截然分隔，可能是很多複雜情緒（比如羞恥感、成就感、責任感，等等）和認知功能的基石。道理也很直白：不管是羞恥、成就，還是責任，本質上都是在評價「我」做過的事情——「我」做得好了很開心，做得壞了感覺丟人，同時不管做好做壞，我都得自己擔着。

但是且慢。上面這段論述裏有一個小小的問題。

「我」做過的這些事情，真的是「我」所控制的嗎？如果不是的話，那這些悲傷或幸福的感情，這些探索和征服的衝動，這些願意為上述一切承擔後果的決心，是不是壓根兒就是一種幻覺？

換句話説，自由意志存在嗎？當我們嘗試着超越一切物理和生物學規律俯瞰地球生命和人類心智活動，我們人類真的是自己的主人嗎？

自由意志：確實有，還是最好有？

和對自我意識的討論一樣，自由意志問題最初也是哲學家思辨的舞台，而且也是整個哲學史裏最重要的話題之一。自由意志的定義在哲學範疇裏有好多種，但本書主要討論生物學問題，因此就不在哲學層面做那麼深入的研討了。簡單來説，自由意志問題的主旨就是討論一個人是否能夠自主決定自己的思想和行為。或者反過來説，人類的所有思想和行為，到底是每個人類個體的自由抉擇，還是在此時此刻之前所發生的所有事件導致的必然結果。

我們應該都有這樣的經歷：做錯了事情説錯了話，會油然而生「要是一切重新來過就好了」的想法。希望光陰倒轉，自己能夠不犯這樣的錯誤。但是如果我們真的能讓時光倒轉一次，讓所有的外在條件都保持不變——今天的天氣，路上行人的腳步聲，你在小學裏受到的所有表揚和批評，你在媽媽肚子裏每一次踢腿的時間……那麼你是不是就可以推翻自己上一次的想法和行動，讓一切真的能「重新來過」？如果你認同自由意志，那麼你的回答肯定是「是」，因為你會認為人類的思想完全可以由自己控制。而如果你反對自由意志，你會馬上判斷「絕無可能」，因為你説錯的那句話、做錯的那件事，壓根兒就是由這些所有看似風馬牛不相及的事情決定的，光陰倒轉一萬次，你也還是會堅定不移地錯下去！

我相信大多數人會立刻認定自由意志是存在的。一個自然而然的原因就是，如果否定自由意志，認定我們所有的想法和行為都是早已注定的，那我們的生活還有甚麼尊嚴可言（見圖10-1）？對於判了無期徒刑的犯人來説，僅僅是身體的物理活動範圍受到了局限就已經是天大的刑罰，否定自由意志不就意味着我們的靈魂被判了一個刑期終身、而且被牢牢地用鐵鏈鎖定在牆壁上的酷刑嗎？這樣的人生和流水線上的機械手、光會

圖 10-1　是否有真正的自由意志？還是說，我們的心智活動是被某隻看不見的手所操縱的？

下圍棋的 AlphaGo 有甚麼區別？

事實上，最傳統、可能也是最堅定的自由意志支持者，差不多也是從這個角度來論證自由意志的存在的。不是因為我們真的找到了甚麼客觀證據支持自由意志，而是因為如果否認自由意志的話，會帶來一系列我們不願意承擔的災難性後果。

比如說，如果自由意志不存在，那麼不管是殺人放火還是坑蒙拐騙，其實都不是這些施暴者的主觀故意，是宇宙這個龐大系統裏數不清的歷史事件的必然結果，那我們怎麼能去懲罰這些施暴者？殺人犯手中的槍不是自己扣動扳機的，所以我們理所當然地不會判一把槍殺人罪；如果殺人犯扣動扳機的決定也不是他自己作出的，我們又憑甚麼判他殺人罪？可是如果取消了一切法律和道德的責任，人類社會的秩序又該怎麼維持下去？或者反過來我們可以問，如果自由意志不存在，我們還需不需要努力讓自己變得更好？或者更極端點，我們還有沒有能力通過努力讓自己不要變得更壞？每個人都放棄了自我約束和進步動力的社會，該有多麼恐怖和絕望？

這聽起來確實不太好。

實際上，還有研究者設計過實驗來驗證這一點。2002 年，美國猶他大學的科學家設計過這樣一個實驗，他們讓一半的受試者先閱讀一些文字材料，內容是「自由意志並不存在」；而另一半受試者閱讀的則是與此無關的材料。結果研究者發現，那些受到過提前暗示、覺得自由意志不存在的受試者，在考試中作弊以及多拿不屬自己的獎勵的概率要大得多。這個研究當然不能證明或者證否自由意志是否存在，但是它生動地展示了擁有自由意志這個感覺對於我們有多重要。

不過讀者應該也有足夠的理性可以告訴自己：不是我們希望有的東西就一定是真實存在的，夢想成真那只是美好的願望而已。從哥白尼的太陽中心，到達爾文的猴子變人，科學發現已經無數次把人類從宇宙中心唯我獨尊的地位上拽下來了，真要是科學證據證明人類的自由意志不存在，也無非是歷史又重演了一次而已。

好了，開始給大家講講科學故事吧。作為一個神經科學家，我個人的觀點是，人類的自由意志應該就是個美好的幻覺。自由意志即使真的存在，也絕對不是我們想像中那個遨遊自由王國、思想隨風起舞的樣子。

本能不自由

首先我們來討論一個沒那麼「高級」和「智慧」的領域：本能行為。

一般而言，在哲學家和心理學家討論自由意志問題的時候，本能行為是被排除在外的。但是既然我們開啟的是神經生物學的討論，本能行為就是不可避免的第一站。

在連續埋頭工作幾個小時之後，我們突然會感覺飢腸轆轆，想來一碗熱氣騰騰的海鮮麵；在烈日下揮汗如雨，會覺得口乾舌燥，這時候送上來一碗綠豆湯，能喝得如長鯨吸百川；睏倦的時候想睡覺，想和親愛的人共度良宵；看到孩子跌倒想要伸手抱抱，遇到危險想要逃跑或躲避……這些都是最基本的本能行為。實際上出於顯而易見的原因，在人類之外，哪怕是最簡單的動物也都或多或少地存在這樣的本能行為。

解釋本能行為就不太需要自由意志的參與了。

比如在心理學層面，美國人克拉克·赫爾（Clark Hull）早在 20 世紀 40 年代就提出了所謂「內驅力降低」的理論（見圖 10-2）來解釋本能行為。以飢餓為例，「吃飯」這個驅動力就像是木桶裏的水，離上一頓吃飯的時間越長，身體內能量水平越低，木桶裏的水就裝得越多，水桶承受的壓力就越大，飢餓感就越強。怎麼解決這種壓力呢？很簡單，趕緊飽餐一頓就行。就像是在桶底開一個小口，把水給放掉，水的壓力就能迅速降低。一日三餐的循環，本質上都可以看成這隻盛放吃飯驅動力的木桶周而復始地裝滿、放空、再慢慢裝滿的過程。

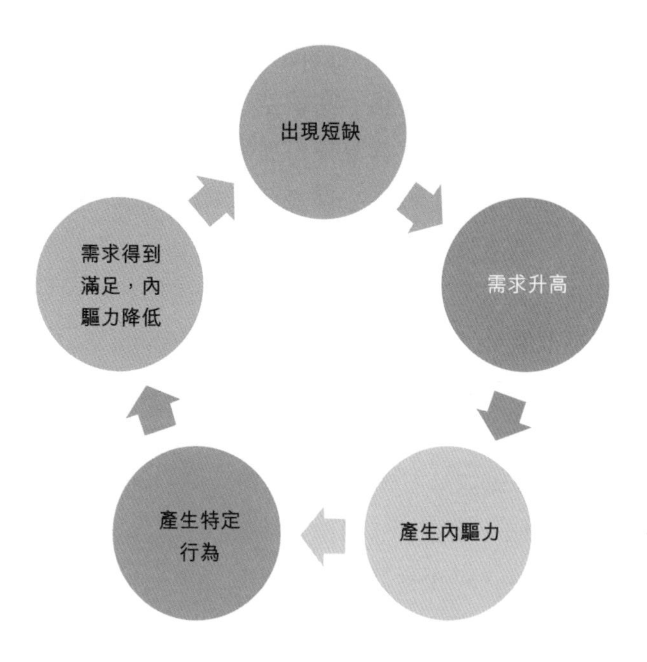

圖 10-2　內驅力降低理論。在這種負反饋的理論框架下，本能行為本質上是由於內驅力產生的，而它的目標則是降低這種內驅力。

很顯然，在這個解釋裏不大需要甚麼高級認知功能的參與。實際上我們每個人大概也有這樣的感覺：非常飢餓的時候想吃東西、吃盡可能多的東西的慾望幾乎是難以控制的，對食物品質的要求也會隨着飢餓程度的提高而迅速降低——真正字面意思上的「飢不擇食」。這件事用上述的木桶理論就很容易理解了，特別飢餓的時候，水桶裏的水裝得特別多，壓力特別大，因此只要有個小孔（食物），水（吃飯的動作）就會傾瀉而出。

在神經生物學的層面，我們還可以為本能行為給出更細緻的物質解釋。

還是以飢餓為例。如果長時間不吃飯，動物體內會發生許多化學變化：血糖水平降低，胃排空，還有很多激素的水平會發生變化。這些變化最終會直接或者間接地匯聚到大腦中一個名為「下丘腦弓狀核」的狹小區域。飢餓的時候，這群細胞被激活，吃飽了以後又重新沉寂下來。

你可能已經發現了，這群細胞的活動規律和赫爾模型裏的水桶是不是很像？

2005 年，華盛頓大學的研究者發現，如果殺死小老鼠體內下丘腦弓狀核的某些神經細胞，小老鼠在出生後根本不會找東西吃，很快就會餓死。而到了 2011 年，美國珍妮莉亞農場研究所的研究者證明，如果激活同樣的一群神經細胞，那麼小老鼠哪怕是已經吃飽了，也會立刻重新進入胡吃海喝的模式（見圖 10-3）。換句話説，這群特別的神經細胞，也許就是飢餓的物質基礎。這群神經細胞的活動就意味着「飢餓」和「想要吃東西」，這種狀態只有美食入腹才能解除。吃，或者不吃，在很大程度上是被這群神經細胞所限定的。

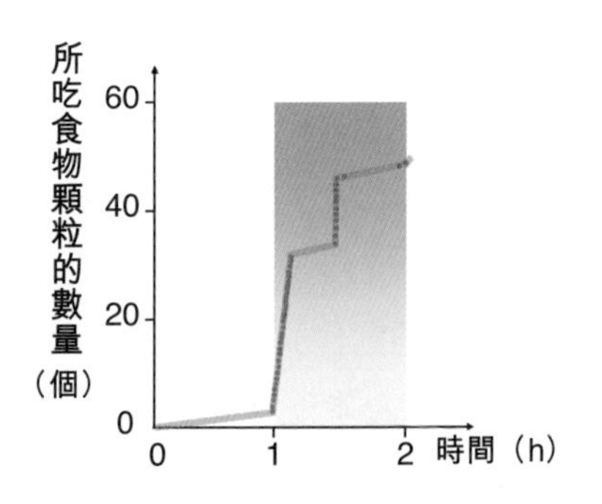

圖 10-3　利用光遺傳學的方法研究小鼠神經細胞。其中，藍色陰影是藍光照射的時長。

當然，我們可以繼續提出挑戰，也許這些研究確實說明「飢餓」這種感覺是生物學層面的，是不以主觀意志為轉移的。但是哪怕確實感覺到了飢餓，到底吃不吃這個決定總是可以由「我」來做吧？比如，「志士不飲盜泉之水，廉者不受嗟來之食」。人的道德感、價值觀（換句話說就是更高級的認知功能）還是可以影響控制本能行為的呀。

實際上赫爾這套理論遇到的最大的挑戰就在這裏。簡單的內驅力降低理論沒辦法解釋人類更為複雜的行為，比如為了堅守價值觀忍飢挨餓，或者為了單純的享用美食吃得飽飽的。

但是即使是本能行為的輸出，也並不是隨心所欲的，人類的高級認知功能可以施加影響，但是卻不能顛倒乾坤。

比如研究者很早就發現，多巴胺（dopamine）這種化學物質（見圖 10-4）很可能和本能行為的輸出有關係。多巴胺是一種小分子化學物質，負責神經細胞之間的通訊聯繫。小老鼠體內如果缺乏這種物質，牠們看起來就是一副懶洋洋了無生趣的樣子，不怎麼移動，也不怎麼吃喝，對交配甚麼的也提不起興趣。非常驚人的是，這些老鼠哪怕非常飢餓，哪怕食物已經送到面前，牠們也不大會去吃；但是如果把食物直接送到牠們嘴巴裏去，牠們還是會大口吞嚥的。這說明，這些缺乏多巴胺的小老鼠能夠感覺到飢餓，牠們只是不管再餓也沒辦法輸出「找東西吃」這個行為而已！

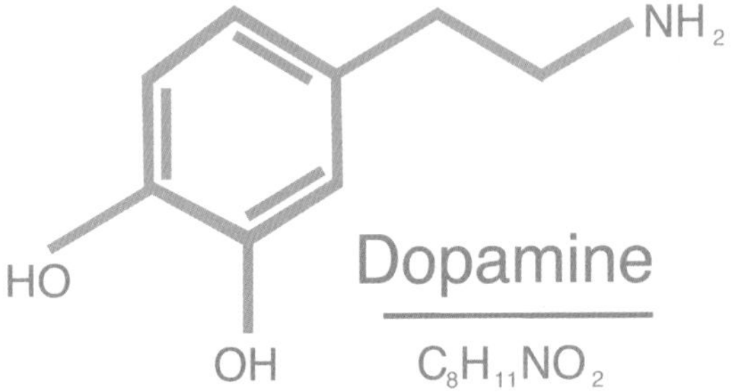

NH_2

HO

OH

Dopamine

$C_8H_{11}NO_2$

圖 10-4　多巴胺。它負責在大腦神經細胞之間傳遞信號，對於動機的產生非常關鍵。

因此，按照這樣的邏輯，對於本能行為來説，不管是感知到需要（比如「飢餓」），還是產生一種行為滿足這種需要（比如「找東西吃」），都可以用簡單的神經信號來解釋。在此之上，高級認知功能的影響即使存在也不是必須和隨心所欲的。

人類心智：白板還是藍圖

討論到這裏，你應該理解了，為甚麼許多比較「低級」的、本能的感受和行為是不自由的。它們在很大程度上可以看成是一套檢測－反應系統，就和生活中司空見慣的自動控制系統（例如刷卡進門、停車過杆、煙霧報警，等等）沒甚麼本質區別。即使沒有自由意志，它們也可以工作得好好的。

生物體內的這套檢測－反應系統甚至都不需要學習（設想一下呼吸、眨眼、餓了吸吮奶頭這些動作）。換句話説，在每個動物個體從受精卵開始發育成熟的過程中，我們體內蘊藏的遺傳物質就已經指導完成了這套系統的建造，並且讓它自動開始運行了。

那更複雜的心智功能呢？我們人類的智能、情感、人格、習慣乃至價值觀、道德準則這些東西呢？直覺上，這些顯然更「高級」的心智功能似乎不太可能是天生的。畢竟我們誰也沒見過哪個小孩兒一出生就會看書寫字，就能談古論今，對吧？

但是這是不是意味着人類高級的認知功能就是一塊白板，可以任由父母、家庭、學校、朋友和自己在上面繪製最新最美的圖畫？是不是意味着至少在高級認知功能的層面，我們每個人還是能對自己有決定性的影響力？

這個就不一定了。

這個問題又被稱作先天和後天之爭（Nature v.s. Nurture），其實可以看作遺傳學版本的「自由意志」問題。如果人類的高級認知功能是先天的，一出生就帶有遺傳物質所繪製的藍圖，那所謂自由意志就無從談起。反過來，如果這些功能在剛出生的時候還是一塊白板，完全是後天形成的，那至少人類作為一個整體還是能對它產生巨大影響的，不管是通過別人（例如父母和老師），還是通過自己。

從 20 世紀末期開始，人類科學家開始主動探究這個其實細想起來有點敏感的問題。他們的研究方法特別值得一提：雙生子研究（見圖 10-5）。這類研究巧妙地利用了一個遺傳學的現象：如果一對雙胞胎寶寶是從同一個受精卵分裂而來的（所謂同卵雙生），那麼他們幾乎共享 100% 的遺傳物質；如果他們是由兩個同時受精的卵子發育而來的（所謂異卵雙生），那麼他們共享的遺傳物質就只有大約 50%。而兩個隨機配對的同齡孩子，彼此間遺傳物質的相似性就會更低了。

也就是說，如果某一個指標——可以是身高這種有形的生理指標，也可以是智商這種複雜的心智指標，甚至可以是價值觀、幸福感這種看起來虛無縹緲的指標——在同卵雙生之間高度相似、異卵雙生之間比較相似、隨便兩個孩子之間不那麼相似，那我們就可以放心地說，這項指標確實受到了遺傳藍圖的影響，並不是一塊白板。反過來，要是某個指標不管是甚麼樣的配對，差異度都差不多，那我們就知道這項指標和遺傳關係不大，主要是後天環境的塑造。

比如，我們可以以身高為例來分析一下雙生子研究的結果。20 世紀 80 年代末，美國明尼蘇達大學的科學家陸續登記了整個明尼蘇達州登記在案的雙胞胎（11 至 17 歲），持續追蹤和

圖 10-5　雙生子研究。圖中是 NASA 做的一個特別有趣的案例，這兩位宇航員（Scott Kelly 和 Mark Kelly）是同卵雙胞胎兄弟。在 2015-2016 年，Scott 在國際太空站執行任務，而 Mark 則待在陸地上。之後，NASA 通過比較兩人的各項生物學指標（包括他們的基因組信息）來研究太空生活對人的影響。同卵雙胞胎成了最完美的對照。

分析了他們的各種生理和心理指標。他們發現，身高可能是受遺傳因素影響最大的生理指標之一：人與人之間身高的差異，約有 80% 是遺傳因素決定的。比如，如果你在美國遇到一個身高 190 厘米的成年男性，你馬上可以心算一下：美國成年男性的平均身高是 178 厘米，因此，在此人超出平均數的 12 厘米身高中，有差不多 10 厘米是遺傳的貢獻，剩下的 2 厘米才是環境因素的影響（如童年喝沒喝牛奶、曬太陽夠不夠、上學期間鍛煉身體的時間有多少等各種因素）。

而更能支持雙生子研究結果的是所謂的「養子」研究。從 1979 年開始，明尼蘇達大學的托馬斯．博卡德（Thomas Bouchard）就開始尋找和研究從小因為種種原因被分開在不同家庭裏養育的同卵雙生子，以及那些從小就在一起長大、但是彼此毫無血緣關係的孩子。養子研究的結果再一次證明了遺傳的力量。還是拿身高做例子吧。養子研究的結果證明，一對同卵雙胞胎，不管是從小一起長大，還是各自分開在天涯，身高的相似性都非常高。而反過來，兩個沒有血緣關係的孩子，就算是從小一起長大，他們之間身高的相似性，和路上隨便拉兩個陌生人一樣低！

利用這樣的研究方法，人們進一步發現，人類的心智指標，從智商到記憶力，從幸福感到自信心，甚至是政治傾向和宗教信仰，遺傳都是最大的影響因素（見圖 10-6）。而且世界各地的研究者都得到了差不多同樣的結果：在絕大多數指標中，遺傳的貢獻率都在 50% 至 70%。也就是説，從受精卵形成、生命孕育的那一刻開始，遺傳物質就已經為我們每個人的心智準備了一張藍圖。之後的養育、成長、學習、交友，都是在這張藍圖上修修補補、寫寫畫畫。但是心智的大致模樣，卻不太會有劇烈的變動了。

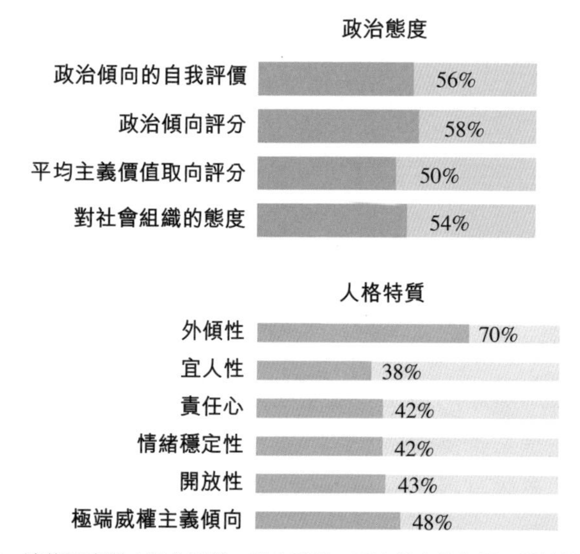

圖 10-6　遺傳因素對人類的影響。研究發現，不光是人格指標，即使是看起來絕非「自然」的政治傾向，包括意識形態傾向、對獨裁的看法、對平等的看法，等等，也在很大程度上受到遺傳因素的影響。

這些有點宿命論和決定論色彩的發現一經出爐就引發了激烈的爭論，並且一直持續到今天。首先出現的當然是前面聊過的倫理學和法律層面的討論：如果心智在出生時已經基本成形，那我們又有甚麼權利去懲罰犯罪行為，懲罰犯罪行為對潛在犯罪又有甚麼震懾和遏止意義？比如前面手槍和殺人犯的例子，如果開槍殺人的一瞬間，扣動扳機的決定其實（在很大程度上）是殺人犯身體內的遺傳物質作出的；如果人生終點在他還是一枚受精卵的時候就已經被隱隱約約地設置，從小到大所有的喜怒哀樂、悲歡離合，都不能阻止一根看不見的細線拉着他走向這個終點……那在法律和道德責任的層面，他和一把手槍又有甚麼區別？

而雙生子研究的影響還不止於此。如果智力、人格、世界觀這些東西在出生的時候就已經確定，那教育（不管是家庭教育還是學校教育）的意義是甚麼？鼓勵每個人認真學習、堅持奮鬥、與人為善、做更好的自己、為更好的世界努力，到底究竟能起多大的作用？沒錯，每個具體的知識點、每次具體的行為和場景，總還是需要後天獲取的，但是如果遺傳決定了我們每個人是如何獲取、分析、理解和應用這些具體的成長經驗的話，那世界大同是不是永遠不可能實現？

當然，我們必須指出，迄今為止我們並沒有發現任何一種心智指標是 100% 由遺傳因素決定的。這或多或少可以給我們一些信心，儘管人類心智的藍圖可能早已繪就，但是我們仍然有機會用一生的時間對它精雕細琢，濃妝淡抹。因此，也許一個更積極的心態反而是：接受這張心智藍圖存在的事實，努力去理解它長甚麼樣，它最美好的部份和最醜陋的部份在哪裏，然後再去努力把它修改成自己想要的樣子。

在下定決心的一刻，選擇早已作出？

不管是道德責任、本能驅動，還是遺傳因素，迄今為止我們探討的都還是「自由意志」問題的背景。即使讀到這裏，上述所有觀點你都欣然接受，你是不是仍然會覺得，至少在某時某刻，你做一個具體的決定的時候，你還是自由的？

比如，飢餓當然會讓我想吃，但是走進飯館之後是點炸醬麵還是肉夾饃，這個決定總還是我自己做的吧？也許一個殺人犯確實帶有遺傳的強烈暴力和反人類傾向，也許他真的不可避免地會參與暴力犯罪，但是當他真的提槍出門的時候，是打算看到目標馬上開槍，還是先詢問對方的身份之後再開槍，這件事總是他自己決定的吧？

也就是說，儘管遺傳因素和本能已經繪製了我們一生言行的藍圖，但是藍圖上每一個細節處的塗抹和着色，總還是有自由意志存在的吧？

這個問題已經超越科學、哲學和法學討論的範疇，觸及人類尊嚴的核心了。如果我說的每句話，做的每件事，哪怕是遇到不開心的事輕輕皺起的眉頭，或者是開心大笑時嘴角彎起的弧度，都不由我自己決定，那我作為一個智慧生命存在又有甚麼意義呢？

因此，1985 年美國加州大學舊金山分校的本傑明．里貝特（Benjamin Libet）發表的研究結果是如此地讓人震驚和不舒服。在這項研究中，里貝特給參與實驗的人戴上裝滿微型電極的頭套，借此來記錄每個受試者的腦電圖（見圖 10-7）。這種技術能夠反映大腦中大量神經元的活動規律，在今天的臨床應用中也很常見。然後，里貝特讓受試者完成一些簡單的任務（比如按一下手邊的按鈕），他用了一個巧妙的辦法分別記錄了每個人實際按動按鈕的時間，以及他 / 她有意識決定要按動按鈕的時間，發現兩者之間有大約 200 毫秒的時間差。

這個時間差本身一點也不奇怪。從下決定到做決定有個時間差，大家基於日常經驗也能理解。但是里貝特同時還利用腦電圖的信息發現，實際上比我們做決定要按按鈕的時間再早 300 毫秒，我們大腦的神經活動已經清楚地顯示出「決定要按按鈕」了。也就是說，當我們以為自己在自由地作出一個決定的時候，我們其實只是在按照大腦已經為我們準備好的決定行事而已。所謂「自由」，只不過是一個假像！

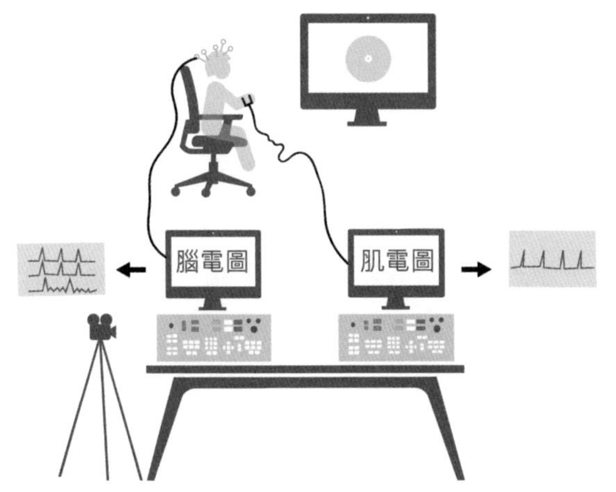

圖 10-7　里貝特實驗示意圖。受試者頭戴電極，手裏可以按動一個按鈕，同時盯着一個示波器屏幕，上面有一個光點到處游動。受試者需要在作出決定的時刻，記住屏幕光點的位置（以此計算具體時刻）。受試者的大腦活動以及按動按鈕的時間也被記錄了下來加以比較。

就像我們上面所討論的那樣，這項研究是在從根本上動搖自由意志的基礎。不要説我們的心智會受到遺傳、環境和本能驅動的潛移默化影響了，即使是一個個具體的決定，實際上大腦也會在我們尚不知曉的時候悄悄作出。或者我們可以做一個更極端的推論：人的認知活動看起來在指導我們的一言一行，但它其實是「事後諸葛亮」。與其説它是指導者，倒不如説它是個觀察和記錄員。它所做的，只是把大腦指導我們的身體進行的行動加以總結提煉，然後呈現在我們的思維當中而已。

當然，對於里貝特實驗的發現，我們可以想出許多自我開脱的理由來。比如在里貝特實驗裏，從腦電圖出現信號，到受試者報告説「我決定要按按鈕了」，到他 / 她真正按下按鈕，一共滿打滿算也才半秒鐘的時間。受試者報告的時候稍微有點主觀偏差可能就會倒因為果。我們也可以設想，隨機決定按不按按鈕這件事太愚蠢了，可能真的不需要動用高貴的「自由意志」。

但是在 2013 年，這些理由似乎又都沒有存在的必要了。德國神經科學家約翰－杜蘭・海因斯（John-Dylan Haynes）的實驗室進一步改進了里貝特的研究。這一次，他們讓受試者做一個看起來更複雜、似乎需要真正的心智活動的任務：面對一組數字，選擇是給牠們做加法還是做減法。同時，海因斯用功能性核磁共振成像的方法取代了精度不夠的腦電圖，來記錄受試者人腦不同區域的活動。海因斯發現，在人們有意識地作出「加法」或者「減法」的選擇之前，人腦的活動已經呈現出了某種程度的區別——而這個時間差可以長達 4 秒鐘！

里貝特和海因斯的研究讓許多神經科學家堅定地認為自由意志根本不存在——因為早在人們自以為自由選擇的那一刻之前，真正的選擇就已經注定了。當然反過來，也有同樣多的哲學家認為這種理解壓根兒就是在曲解自由意志的定義。他們反問道：「難道吃炸醬麵還是肉夾饃的決定就不是自由意志了嗎？儘管是人腦在無意識狀態下作出的，但它同樣是這個個體自己作出的選擇啊！」但是不管怎麼理解，我們至少可以保守地説，自由意志即使存在，也完全不是普通人腦海中所設想的那個樣子。我們幻想的那種在無垠的心智空間裏自由遨遊，引導着自己的人生向着任何一個方向去的意志「精靈」，大概率是不存在的。這個精靈的遊走方向既受到遺傳藍圖的規範指引，也會受到一生生活環境和閱歷的牽制調節，最後它還不得不在意識之下的大腦活動中逐漸成形——無論如何，它的選擇談不上多麼「自由」。

哪怕自由意志不存在，我們還是我們

但是這一切是不是意味着人類智慧徹底失去了神聖的地位，我們每個人不過是基因和大腦活動的奴隸，只能像提線木偶一樣走完自己的一生？

當然不是。

為了證明這一點，我們可以考慮一個簡單的問題：如果我們所有的選擇都是提前數秒被大腦悄悄規劃好的，那我們能活多久？

大概不會超過一天。這樣的我們出門會被車撞飛，吃飯會被噎死，切菜必然會切斷手指。原因很簡單，每個決定都得提前幾秒做好，我們的身體怎麼可能對快速駛來的汽車、嗆進氣管的食物、飛快切下的菜刀產生即時反應？

其實，魔鬼在細節中，海因斯實驗的數據也説明了一些問題。是的，在作出加法或者減法的決定前四秒，大腦的活動已經呈現出了差異。但是特別需要注意的是，這種差異遠不是一錘定音性質的：如果根據大腦活動的圖像倒推受試者到底做了甚麼決定，正確率只有 60%——當然比瞎猜高得多（瞎猜的正確率是一半），但是距離完全可以預測還差得遠。這個細節的提示是，也許大腦在四秒之前所作出的並不是「決定」本身，而是一種傾向性，一個預案，或者説一個準備。其實海因斯自己也在之後的研究中證明，即使到最後一刻，人腦仍然可以強行否決之前準備好的行動方案。

因此，也許我們可以這樣理解自由意志：沒錯，完全自由的意志是不存在的。但是不管是遺傳因素，還是大腦的神經活動，都在為最後一刻的決定繪製藍圖，準備草案。最後，我們的心智仍然有機會為自己的言行做一錘定音的決斷。

同時也不要忘了，在（任何）一個決定之前的整整一生，我們其實都是在為它做準備。我們受到的教育、閱讀的書籍、走過的旅途、相交的朋友……這一切都用這樣那樣的方式進入了我們的心智世界，然後用一種我們尚不明了的方式參與到這個決定中來。而這一生的故事，我們仍然還是有着相當多的主動權。

甚至可以說得更遠一點，綜合全部人類智慧所作出的任何決定，背後都帶着億萬年演化歷程的深深印記。

在數十億年前的原始海洋裏，我們的祖先學會了利用能量，學會了自我複製，也學會了為自己建築細胞膜這道分離之牆。從那一瞬間開始，幾十億年的光陰一閃而過，地球生命之樹彷彿一夜之間樹大根深，枝繁葉茂。站在樹梢的我們，身體裏有三葉蟲的影子，有蚯蚓的影子，有魚的影子，有恐龍的影子，有黑猩猩和南方古猿的影子⋯⋯我們所看到、生活着的這個世界，他們也曾經看到過、生活過。我們的智慧和決定，從離開非洲到建立村莊，從種植大麥到書寫文字，從建立國家到飛向月球，其實都是億萬年演化歷程中所有祖先們的智慧和決定。

是的，我們不是真正自由的，而且永遠不會獲得這種自由。但是，我們仍然可以負重前行，帶着億萬年生命演化歷史的榮光，帶着人腦中獨一無二的自我。

不管是宇宙空間還是認知疆域，我們的祖先把我們帶到了黑暗和光明的邊界。身後是溫暖的人類家園，面前是暗夜沉沉的未知征途。而在每一代人類中，都會有人高舉火把，義無反顧地前行，讓人類智慧的光，星火燎原。

也許，這就是自由的含義。

尾聲

關於生命，我們知道的和我們不知道的

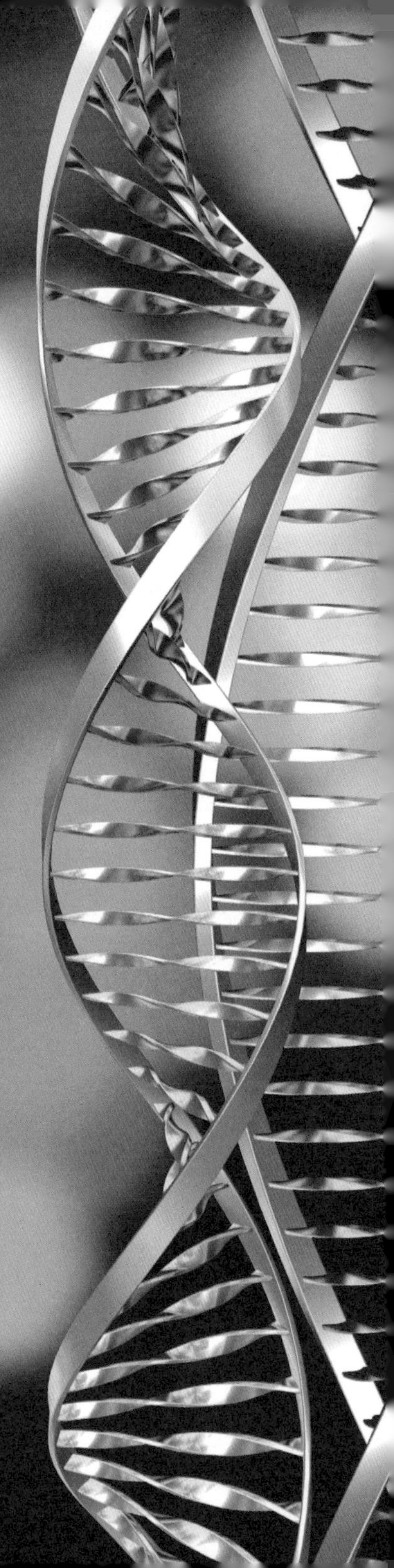

「我們必將知道，我們必須知道。」

——大衛．希爾伯特（德國數學家）

目前為止，本書可能會給你一種錯覺，即地球生命的終極秘密行將徹底大白於天下、人類智慧無往而不利。但是其實關於生命的秘密，我們所了解到的僅僅是冰山一角。

2002 年，時任美國國防部長的唐納德．拉姆斯菲爾德（Donald Rumsfeld）在一次新聞發佈會上如此答覆記者對伊拉克是否確實擁有大規模殺傷性武器的質問：

> 有些事是「已知的已知」，我們知道自己知道這些事。有些事是「已知的未知」，我們知道自己不知道這些事。但還有些事是「未知的未知」，我們壓根兒就不知道自己對這些事其實一無所知。①

這段非常饒舌的話幾乎立刻淪為社交媒體上廣為流傳的笑柄，被改編成歌詞、詩句和俚語。但是在我看來，拉姆斯菲爾德這段話用來為布殊政府入侵伊拉克做辯護當然顯得理屈詞窮，但是實實在在地説明了人類智慧對真實世界的認識局限。

我們自以為了解了這個世界的很多細節，但是實際上，對於更多的細節，我們仍然沒能看得足夠清晰和完整。而更令人

---

① There are known knowns; there are things we know we know. We also know there are known unknowns; that is to say we know there are some things we do not know. But there are also unknown unknowns—the ones we don't know we don't know.

敬畏的地方在於，在人類目光所及之外，在真實世界的重重暗影裏，還隱藏着海量的細節和信息，而我們人類壓根兒就沒有意識到牠們的存在！

先來總結一下本書探討過的「已知的已知」。

物質、能量、自我複製，這三個要素共同構成了地球生命的基石。如果把今天的地球生命比作輝煌的大廈，那 DNA、RNA、蛋白質等物質就是這座大廈的鋼樑和磚瓦。來自外部世界的能量擺脱了熱力學第二定律的約束，像一個高明的建築師，搬運着這些物質修建出生命的大廈。在幾十億年的地球生命史上，生命大廈則是靠（不那麼忠實地）複製自身來抵抗命中注定的意外、衰老和地球環境的變遷。

慢慢地，複雜生命誕生了。細胞膜這道「分離之牆」的出現將生命的三要素（物質、能量和自我複製）嚴密地包裹和保護起來。生命活動的規模從納米級別的分子尺度擴展到微米級別的細胞尺度。在物質和能量的近距離碰撞中，更複雜的生命活動接連湧現，多種多樣的單細胞生命也被持續篩選出來。在此基礎上，當單細胞生命的後代決定不再各奔東西，而是黏連在一起共同生活，多細胞生命的出現反而顯得順理成章。多細胞生命允許身體細胞放棄一些功能（比如繁殖）換取一些更強大的功能，為每一個身體細胞提供表演的舞台。在輝煌的生命大廈內，不再是一間間千篇一律的低矮房間，而是有了流光溢彩的外牆、燈火通明的大堂、私密安靜的會客室、帶落地窗的頂層辦公室、中央機房……每一個房間都可以被賦予獨特的意義。

在複雜生命的舞台中央，智慧在萬眾矚目中最後登場。一類特別的身體細胞——神經細胞——出現了。這群細胞開始睜開眼睛，指揮身體的運動，主動探索身邊的危險和機遇；這群細胞開始學習和牢記經驗與教訓，試圖熟悉和適應這個多變的世界；這群細胞甚至開始呼朋引伴，將孤軍奮戰的單個動物組織成千軍萬馬和偉大社會。而在我們人類的頭腦中，這群細胞甚至開始讓我們明白「我」是誰、「我」想要做甚麼。於是，帶着自我的驕傲和永不安於現狀的探索意志，人類走遍了世界的角落，並且開始嚮往星辰大海。

然而，在這些偉大事件的背後，恒河沙數般的「已知的未知」一直在困擾着我們。對這座我們容身其間的地球生命大廈，我們只來得及遠遠地投上一瞥，還有太多的建築細節仍舊面目模糊。

驅動生命活動的蛋白質分子為甚麼都是由 20 種氨基酸組成的？原始地球海洋中肯定誕生過更多的氨基酸分子，那些氨基酸因何被廢棄？同樣的道理，為甚麼 DNA 和 RNA 不約而同地使用了四種結構單元（核苷酸）？深海白煙囱是否確實是生命的搖籃？第一個利用環境能量驅動生命活動的分子機器是甚麼？ RNA 世界的假説是否真實反映了生命的起源？如果當真如此，第一個 RNA 生命是甚麼樣子的？細胞膜究竟是天外來客還是在地球上土生土長的？除了薄薄的磷脂雙分子層，地球生命為甚麼沒有發展出任何別的辦法來隔絕環境、包裹自己？

多細胞生命應該在地球上反覆出現過數十次，它們當中的大多數都沒有繁衍到今天。那些不幸的多細胞生命譜系究竟是因為甚麼原因崩塌的？當多細胞生命體內出現有史以來第一個不聽話的癌變細胞時，生物體有沒有準備好應急預案？永生的生殖細胞會不會偷偷發佈一個隱秘的指令，借此約束所有的體細胞不要蠢蠢欲動？多細胞生命的壽命是如何決定的，為甚麼會同時存在命如朝露的蜉蝣和千萬年不死的大樹？

而在智慧生命的大腦深處，我們尚未了解的細節就更多了。時至今日，我們固然開始了解各種感覺信息是如何被收集的，但是對於這些感覺信息是怎樣在大腦深處被重新組裝成一個天衣無縫的虛擬世界的，我們仍然幾乎一無所知。我們連對大腦如何識別像一根線段這樣最簡單的形狀、如何區分咖啡和玫瑰的香氣等看似簡單的問題都沒有甚麼頭緒。對於大腦如何組織和理解語言，如何形成抽象概念，如何憑空構思出一段故事並且活靈活現地分享給同類，就更是只知道一鱗半爪的模糊線索了。而且更讓人沮喪的是，從語言到情感，從自我意識到世界觀，大腦中有太多的秘密很可能是人類專屬的。但我們到底有沒有能力研究和了解自己呢？畢竟我們不可能對同類做有潛在破壞性的研究，人類個體的成長和生活環境也千差萬別，根本不可能被嚴格控制，那麼，對人類個體的研究在多大程度上是可行並且有說服力的？

而在這些仍然比較宏觀的「未知」之外，我們也必須無奈地承認，生命（從單細胞細菌到人體）是一個複雜系統，其複雜性遠遠超過人類研究過的任何對象。粗糙地估計一下，在人體任意一個細胞內都會有上萬種、超過 10 億個蛋白質分子同時存在並開足馬力工作。從某種意義上說，想要理解區區一個細胞的生命活動，我們得對這 10 億個蛋白質分子的分佈、數量變化、三維結構和彼此間的協同作用都有深入的理解才行，而且還必須考慮到這一切都發生在幾百到幾千立方微米、幾納秒到幾微秒的時空範疇內。這還僅僅是一個細胞，而人體有上百萬億個細胞，這上百萬億個細胞都來自區區一個細胞的不停分裂，而且這上百萬億個細胞之間還會互相協作……我們不得不承認，對於理解生命現象，我們缺乏的可能不光是知識，還有觀察和分析複雜性的技術手段、數學工具乃至世界觀。

技術手段、數學工具和世界觀的缺位，其實也在提醒我們，在生命世界裏還有更多「未知的未知」等待着我們。對於這些細節，我們甚至都不知道該去哪裏尋覓。

我們可以換個方向來理解「未知的未知」問題。有沒有甚麼東西可以作為宣告勝利的標準？也就是說，有沒有某件事情，當我們最終做到了，就可以宣稱對於生命現象我們已經理解到位了，就算仍然欠缺一些細節，但是至少已經不存在「未知的未知」了？

答案很容易想到——如果我們能夠在實驗室裏從無到有地製造出一個（哪怕是非常粗糙簡陋的）有機生命，它能夠存活，能夠繁衍，能夠和環境互動，那麼我們就可以說，關於生命，我們已經知道得足夠多了。

但是很遺憾，這一天仍然遙不可及。這並不是時間或者資源層面上的問題，而恰恰是與如前所述的技術手段、數學工具和世界觀有關。因為缺乏觀察和分析複雜系統的能力，我們對生命現象的理解，很多時候僅停留在「我們知道這個東西重要」

的水平上。比如，給我們一座核反應堆或者一枚長征火箭，我們能夠通過零敲碎打的盲目測試知道，某個零件很重要，沒有了它，反應堆就會出現蒸汽洩露；某個閥門很重要，如果關得太嚴，反應堆的外殼溫度就會失控；某個管道特別關鍵，如果擴寬它，火箭的升空速度就會提高……可想而知，如此收集來的信息當然重要，而且還可以持續拓展我們的認識水平，但是這些信息很可能根本不能教會我們如何用一堆零件製造核反應堆或者長征火箭。

以書中的故事為例。細胞內的微型水電站——ATP 合成酶蛋白——為許多地球生命提供了能量來源。關於這個蛋白的工作原理和發現過程，我們已經詳細描述過。但是，為了生產哪怕一個 ATP 分子，地球生命需要的東西要遠遠超過 ATP 合成酶蛋白本身。它自己是怎麼被生產出來的？又是如何被運輸到特定的地點，然後準確地插入細胞膜（或者線粒體膜）的？當這個蛋白使用老化、破損之後，是甚麼質檢系統及時發現並且替換它的？這個蛋白是如何判斷生命對能量的需求，然後選擇開足馬力或者怠速運轉的？它工作所需的氫離子濃度是怎麼產生和維持的？我們必須搞清楚所有這些問題，才有可能在實驗室或者電腦裏從無到有地創造出這座微型水電站。

第二個類似的例子是學習過程中的「裁判」蛋白——NMDA 受體。我們說過，這個蛋白能夠判斷兩個相連的神經細胞是否同時開始活動，據此開啟和關閉學習過程。可想而知，僅有這一個蛋白是無法完成學習的，哪怕是最小單位的兩個神經細胞之間的學習。神經細胞自身如何產生？兩個神經細胞之間如何產生聯繫並建立突觸？在 NMDA 受體蛋白檢測到同步活動，神經細胞被動員起來增強彼此間的突觸連接，到底發生了多少生物化學事件，又需要多少蛋白質分子的參與？同樣地，我們必須搞清楚所有這些問題，才有可能在實驗室或者電腦裏從無到有地創造出最小單元的學習過程。

而等這些微觀層面的問題一一得到解決之後，我們才能着手從無到有地創造宏觀生命現象。怎麼實現受精卵到百萬億個人體細胞的分裂增殖？怎麼保證每個新生的體細胞知道自己要往哪裏去，命中注定的工作任務是甚麼？大腦中的神經細胞究竟應該與誰聯繫在一起？哪些神經細胞應該在出生前就聯繫好，保證嬰兒一出生就會哭會呼吸會找媽媽的奶頭，哪些應該保持待命狀態，等待新世界的感官和經驗的輸入？

而如果說到人類智慧，可能更適當的檢驗方法，是根據人類已知的生物數據建立算法，在電腦中重演神經系統的運算和信號處理邏輯。

我們知道，視網膜細胞採集的光學信號經過初步加工就可以編碼光點的位置和光條的朝向，那有沒有可能構建出一套算法能夠重現這個過程，乃至重現人腦「看見」圖畫、文字和人臉的過程？我們知道，人工智能算法已經可以在圍棋、國際象棋和撲克牌上完勝人類，但是這一切都基於海量數據和訓練過程。我們能否重建人腦學習和記憶的過程，實現真正意義上的「小數據」學習？要知道，人類的真實學習場景幾乎都是從極端有限的信息中總結經驗。我們又何時能夠用算法模擬人類情感，實現社會交流，創建機器的自我意識和自由意志？而如果這一切成真，那將是人類智慧的永恒豐碑，還是人類葬禮開始時的安魂曲？

說到這兒，你應該能接受如下判斷：對於地球生命和智慧，別說今天的我們遠沒有做到深入理解，即使是要給出一個關於我們到底能不能最終理解、甚麼時候能最終理解、可能通過甚麼思路和途徑得到這一理解的猜測，都顯得過分輕狂和盲目。

但是，我還是希望提醒你，在本書第 1 章開頭我們說過的那種理解生命的自信心。這種自信來自從靈魂論到薛定諤的探究，來自米切爾和他的化學滲透，來自 DNA 雙螺旋，來自休伯和威瑟，來自在過去千百年來人類英雄帶領我們穿過一片又一片黑暗空間，並最終用智慧火炬照亮的我們腳下的方寸之地。

關於生命，關於智慧，關於我們自己，我們知道一些，我們不知道許多，還有更多東西遠在想像之外。

但是，我們必將知道，我們必須知道。

後記

謝謝你一路閱讀到這裏。

寫作本書不是一次特別輕鬆快意的旅程。我斷斷續續寫了兩年多的時間，中間無數次想要停下來不再繼續——因為很多時候，光是想想這些話題就會讓我覺得沉重得無法動筆。我猜想，閱讀本書可能也不是一次特別輕鬆快意的體驗。在這本小書裏，我盡力試着勾勒出塑造地球智慧生命的關鍵。但面對四十多億年的地球生命史，即使是浮光掠影，我也仍然覺得筆下有斗轉星移，有滄海桑田。

然而我猜想，作為讀者，你可能會問出的一個自然而然的問題是：這一切究竟與我何干？實際上，在寫作的時候我也經常會問自己這樣一個問題。

在電閃雷鳴下的原始海洋中誕生的氨基酸，第一個學會笨拙地自我複製的 RNA，海底白煙囪附近的細密孔穴，密集的鈉離子蓄積起豐沛的能量，海水表層的海藻細胞對着陽光睜開了它的眼睛，一隻碩大的烏賊游過，害羞的海兔緊緊蜷縮起自己的鰓，一隻回巢的工蜂自顧自地跳起儀式般的舞蹈……這個人類眼中的五彩世界，究竟是真實的存在，還是一切都是「缸中之腦」的虛幻想像；我們引以為豪的七情六慾、好奇心和探索精神，究竟是一堆化學物質和神經連接的產物，還是確實能代表人類這個物種的無上榮光？……所有這些問題，到底與我何干？

但是在本書成稿的時候，我終於找到了一個讓我滿意的回答，也希望和你們一起分享。

回想四十多億年地球生命歷程的這些高光時刻，我們會意識到：無論是你，還是我，還是今天地球上仍然在喜笑或悲傷的每一個人，都遠比我們本身更大，更強壯，更古老。

劉慈欣在《三體：死神永生》中，如此描繪地球毀滅後的情景：

> 四十億年時光沉積在程心上方，讓她窒息，她的潛意識拚命上浮，試圖升上地面喘口氣。潛意識中的地面擠滿了生物，最顯眼的是包括恐龍在內的巨大爬行動物，牠們密密麻麻地擠在一起，鋪滿大地，直到目力所及的地平線；在恐龍間的縫隙和牠們的腿間腹下，擠着包括人類在內的哺乳動物；再往下，在無數雙腳下，地面像湧動着黑色的水流，那是無數三葉蟲和螞蟻……最可怕的是那些眼睛，恐龍的眼睛，三葉蟲和螞蟻的眼睛，鳥和蝌蚪的眼睛，細菌的眼睛……僅人類的眼睛就有一千億雙，正好等於銀河系中恒星的數量，其中有所有普通人的眼睛，也有達．文西、莎士比亞和愛因斯坦的眼睛。

我們每個人都是這漫長的故事裏無數機緣巧合和陰差陽錯、痛徹心扉或皆大歡喜之後最終的結局。我們背後，匯聚着四十多億年來所有曾經生活過的地球生命的深情注視。在我們面前，則是永恒黑暗中等待着我們注定要踏上的漫漫征程。在我們每個人的身體裏，億萬代祖先——從不停分裂的單細胞始祖，一直到我們的爸爸媽媽——都留下了他們的永恒印記。這印記當然是物質上的——在我們每個人身體裏，應該都還保有那麼一丁點微不足道的遺傳物質，可能來自這數十億年前的祖先；這印記當然更是信息上的——先祖攜帶的遺傳信息，疊加上幾十億年地球環境的滄海桑田，一直傳遞到我們的身體中；這印記其實更代表着一種最強大的慾望——從環境中攫取能量，打敗同類，保存自己，繁殖後代，這種慾望跨越時空，注定將萬古長存。

我們每一個人，都是一本活着的生命編年史。

除了背負的歷史，我們還多了一重特別的榮耀。我們可能是這四十多億年生命歷程中第一種開始回望歷史、開始凝視自身、開始試圖理解這一切秘密的物種。對於地球生命史來說，短短二三十萬年僅僅如驚鴻一瞥般短暫。區區一千億智人，數量上還比不過我們每個人身體裏的細菌。但是就靠這麼一點微不足道的力量，人類居然已經開始了解了一丁點關於地球生命的秘密，甚至已經開始嘗試利用生命、修改生命、拯救生命，乃至在幻想人工創造全新的生命！遍佈世界各地的農田和牧場，傳來琅琅書聲的學校，充滿消毒水味道的醫院手術室，堆滿培養皿的生物學實驗室，甚至這本書本身，都是我們無上榮耀的證明。

我無法預測人類這個物種在這顆星球、在這個宇宙中還能延續多久。因為真正的考驗——從資源耗竭、環境變化和傳染病，到小行星撞擊、太陽熄滅和宇宙收縮——都在未來等待着我們。也許在更高級的智慧生命看來，在大宇宙看來，我們只不過是一群卑微短命的可憐蟲，但是我們每一個人，仍然都要比我們本身更大，更強壯，更古老。

我們踩着穿越古老時間的鼓點而來，我們帶着人類智慧的榮光而去。

無論如何，我們在這個世界上生活過，好奇過，努力過。

也許，這就是全部地球生命史和我們每一個人的關聯。

最後，這本書的成書要特別感謝圖靈公司的張霞編輯。她從這本書剛剛開始創作的時候就和我聯繫，而且在兩年半的時間裏一直等待我、鼓勵我寫作，為我每一點小小的突破和好思路鼓掌加油。沒有她的幫助，我可能根本就堅持不到寫作完成，更談不上把這些思路和想法分享給大家。

這本書的寫作佔據了過去的很多個夜晚，也要特別感謝我的妻子、兩個女兒和老爸老媽的支持。

另外，這本書的名字是我選定的。《生命是甚麼》當然是在致敬我的偶像之一、在七十多年前寫作那本傳世經典《生命是甚麼》（*What Is Life?*）的物理學家薛定諤。那本書激勵了無數物理學家投身分子生物學的革命，也啟發了年輕的我去體會和欣賞生命的美。希望我的這本書，能對得起這個金光閃閃的名字。

參考文獻

序曲

ANDERSEN R, 2015. The most mysterious star in our galaxy. *The Atlantic.*

BOYAJIAN T S, LACOURSE D M, RAPPAPORT S A, et al. 2016. *Planet Hunters* IX. KIC 8462852 – where's the flux? Monthly Notices of the Royal Astronomical Society 457, 3988-4004.

CALLAWAY E, 2017. Oldest Homo sapiens fossil claim rewrites our species' history. *Nature.*

COLLABORATION P, ADE P A R, AGHANIM N, et al. 2016. Planck 2015 results. *A&A* 594, A13.

DAVIES P, 2007. Are alien among us? *Scientific American.*

DYSON F J, 1960. Search for artificial stellar sources of infrared radiation. *Science* 131, 1667-1668.

JOHNSON S, 2017. Greetings, E.T. (please don't murder us). *The New York Times.*

MCDOUGALL I, BROWN F H, FLEAGLE J G, 2005. Stratigraphic placement and age of modern humans from Kibish, Ethiopia. *Nature* 433, 733.

OVERBYE D, 2013. Finder of new worlds. *The New York Times.*

SAMPLE I, 2017. Oldest Homo sapiens bones ever found shake foundations of the human story. *The Guardian.*

WILLIAMS L, 2015. Astronomers may have found giant alien 'megastructures' orbiting star near the Milky Way. *The Independent.*

第 1 章

BADA J L, 2013. New insights into prebiotic chemistry from Stanley Miller's spark discharge experiments. *Chemical Society Reviews* 42, 2186-2196.

CHENG A M, 2005. The real death of vitalism: implications of the Wöhler myth. *Penn Bioethics Journal* 1, 3.

GARCES A F, 2015. *René Descartes and the birth of neuroscience.* The MIT Press.

GUNDERSON K, 2009. Descartes, La Mettrie, language, and machines.

Philosophy 39, 193-222.

KINNE-SAFFRAN E, KINNE R K H, 1999. Vitalism and synthesis of urea. *American Journal of Nephrology* 19, 290-294.

MILLER S L, 1953. A Production of amino acids under possible primitive earth conditions. *Science* 117, 528-529.

MILLER S L, UREY H C, 1959. Organic compound synthes on the primitive earth. *Science* 130, 245-251.

OPPENHEIMER J M, 1970. Hans Driesch and the theory and practice of embryonic transplantation. *Bulletin of the history of medicine* 44, 378-382.

PEERY W, 1948. The three souls again. *Philological Quarterly* 27, 92.

SCHRÖDINGER E, 1967. *What is life: the physical aspect of the living cell.* Cambridge University Press.

WOOD G, 2002. Living dolls: a magical history of the quest for mechanical life. *The Guardian.*

第 2 章

[s.n.], 2014. Otto Meyerhof and the Physiology Institute: the Birth of Modern Biochemistry (Nobelprize.org). Nobel Media.

ABRAHAMS J P, LESLIE A G W, LUTTER R, et al., 1994. Structure at 2.8 Â resolution of F1-ATPase from bovine heart mitochondria. *Nature* 370, 621.

BOYER P D, 1998. Energy, Life, and ATP. *Bioscience Reports* 18, 97-117.

BRAZIL R, 2017. Life's origins by land or sea? Debate gets hot. *Scientific American.*

BRILLOUIN L, 1959. Negentropy Principle of Information. *Journal of Applied Physics* 24, 1152-1163.

KHAKH B S, BURNSTOCK G, 2009. The double life of ATP in humans. *Scientific American.*

KRESGE N, SIMONI R D, HILL R L, 2005. Otto Fritz Meyerhof and the Elucidation of the Glycolytic Pathway. *Journal of Biological Chemistry* 280, e3.

LANE N, 2012. Life: is it inevitable or just a fluke? *New Scientist.*

MITCHELL P, 1961. Coupling of phosphorylation to electron and hydrogen transfer by a chemi-osmotic type of mechanism. *Nature* 191, 144-148.

MITCHELL P, 2014. Nobel Lecture: David Keilin's respiratory chain concept and its chemiosmotic consequences (Nobelprize.org. Nobel Media).

PAGE M L, 2016. Universal ancestor of all life on Earth was only half alive. *New*

Scientist.

SERVICE R F, 2016. Synthetic microbe lives with fewer than 500 genes. *Science.*

SLATER E C, 1994. Peter Dennis Mitchell, 29 September 1920 - 10 April 1992. Biographical Memoirs of Fellows of the Royal Society 40, 283-305.

第 3 章

CECH T R, 2002. Ribozymes, the first 20 years. *Biochemical Society Transactions* 30, 1162-1166.

COBB M, 2015. Sexism in science: did Watson and Crick really steal Rosalind Franklin's data? *The Guardian.*

CRICK F H C, 1968. The origin of the genetic code. *Journal of Molecular Biology* 38, 367-379.

CRICK F H C, 1970. Central dogma of molecular biology. *Nature* 227, 561-563.

GILBERT W, 1986. Origin of life: The RNA world. *Nature* 319, 618.

HOLLAND H D, 2006. The oxygenation of the atmosphere and oceans. Philosophical Transactions of the Royal Society: Biological Sciences 361, 903-915.

KRUGER K, GRABOWSKI P J, ZAUG A J, et al., 1982. Self-splicing RNA: Autoexcision and autocyclization of the ribosomal RNA intervening sequence of tetrahymena. *Cell* 31, 147-157.

ROBERTSON M P, JOYCE G F, 2012. The Origins of the RNA world. *Cold Spring Harbor Perspectives in Biology* 4, a003608.

ROBERTSON M P, JOYCE G F, 2014. Highly efficient self-replicating RNA enzymes. *Chemistry & biology* 21, 238-245.

WATSON J D, CRICK F H C, 1953. Molecular structure of nucleic acids; a structure for deoxyribose nucleic acid. *Nature* 171, 737-738.

第 4 章

AL-AWQATI Q, 1999. One hundred years of membrane permeability: does Overton still rule? *Nature Cell Biology* 1, E201.

DEAMER D W, 1985. Boundary structures are formed by organic components of the Murchison carbonaceous chondrite. *Nature* 317, 792.

EDIDIN M, 2003. Lipids on the frontier: a century of cell-membrane bilayers.

Nature Reviews Molecular and Cellular Biology 4, 414-418.

GAO J, WANG H, 2018. *Membrane biophysics*. Springer Nature Singapore Pte Ltd.

GEST H, 2004. The discovery of microorganisms by Robert Hooke and Antoni van Leeuwenhoek, Fellows of The Royal Society. Notes and Records of the Royal Society of London 58, 187-201.

KVENVOLDEN K, LAWLESS J, PERING K, et al., 1970. Evidence for extraterrestrial amino-acids and hydrocarbons in the Murchison meteorite. *Nature* 228, 923-926.

LANE N, MARTIN W F, 2012. The origin of membrane bioenergetics. *Cell* 151, 1406-1416.

LYNCH M, MARINOV G K, 2017. Membranes, energetics, and evolution across the prokaryote-eukaryote divide. *eLife* 6, e20437.

TURNER W, 1890. The cell theory, past and present. *Journal of Anatomy and Physiology* 24, 253-287.

YEAGLE P L, 1993. The membranes of cells. Academic Press, Inc.

第 5 章

ALEGADO R A, BROWN L W, CAO S, et al., 2012. A bacterial sulfonolipid triggers multicellular development in the closest living relatives of animals. *eLife* 1, e00013.

BORAAS M E, SEALE D B, BOXHORN J E, 1998. Phagotrophy by a flagellate selects for colonial prey: A possible origin of multicellularity. *Evolutionary Ecology* 12, 153-164.

GROSBERG R K, STRATHMANN R R, 2007. The evolution of multicellularity: a minor major transition? Annual Review of Ecology, Evolution, and Systematics 38, 621-654.

KAPSETAKI S E, 2015. *Predation and the evolution of multicellularity*. In St Hughs College. University of Oxford.

KIRK D L, 2001. Germ–soma differentiation in Volvox. *Developmental Biology* 238, 213-223.

LODISH H, 2000. *Molecular Cell Biology*. 4th ed. W. H. Freeman.

LÓPEZ-MUÑOZ F, BOYA J, ALAMO C, 2006. Neuron theory, the cornerstone of neuroscience, on the centenary of the Nobel Prize award to Santiago Ramón y Cajal. *Brain Research Bulletin* 70, 391-405.

MURGIA C, PRITCHARD J K, KIM S Y, et al., 2006. Clonal origin and evolution of a transmissible cancer. *Cell* 126, 477-487.

PARFREY L W, HAHR D J, 2013. Multicellularity arose several times in the evolution of eukaryotes. *BioEssays* 35, 339-349.

RATCLIFF W C, FANKHAUSER J D, ROGERS D W, et al., 2015. Origins of multicellular evolvability in snowflake yeast. *Nature Communications* 6, 6102.

RICHTER D J, KING N, 2013. The Genomic and cellular foundations of animal origins. Annual Review of Genetics 47, 527-555.

第 6 章

BERG J, TYMOCZKO J, STRYER L, 2002. Section 32.3, Photoreceptor Molecules in the Eye Detect Visible Light. *Biochemistry*. 4th ed. W. H. Freeman.

CLITES B L, PIERCE J T, 2017. Identifying Cellular and Molecular Mechanisms for Magnetosensation. Annual Review of Neuroscience 40, 231-250.

DOWLING J E, 2001. Neurons and Networks: *An Introduction to Behavioral Neuroscience*. The Belknap Press of Harvard University Press.

HEYLIGHEN F, 2012. A Brain in a Vat Cannot Break Out: Why the Singularity Must be Extended, Embedded, and Embodied. *Journal of Consciousness Studies* 19, 126-142.

HUBEL D H, WIESEL T N, 1959. Receptive fields of single neurones in the cat's striate cortex. *The Journal of Physiology* 148, 574-591.

HUBEL D H, WIESEL T N, 2004. *Brain and Visual Perception: The Story of a 25-Year Collaboration*. Oxford University Press.

NATHANS J, THOMAS D, HOGNESS D, 1986. Molecular genetics of human color vision: the genes encoding blue, green, and red pigments. *Science* 232, 193-202.

PALCZEWSKI K, 2011. Chemistry and biology of vision. *Journal of Biological Chemistry* 287, 1612-1619.

SHATZ C J, 2013. David Hunter Hubel (1926–2013). *Nature* 502, 625.

WALD G, 2014. Nobel Lecture: The Molecular Basis of Visual Excitation (Nobelprize.org. Nobel Media).

WOLF G, 2001. The Discovery of the Visual Function of Vitamin A. *The Journal of Nutrition* 131, 1647-1650.

第 7 章

BANDRÉS J, LLAVONA, R, 2003. Pavlov in Spain. *The Spanish Journal of Psychology* 6, 81-92.

GOELET P, CASTELLUCCI V F, SCHACHER S, et al., 1986. The long and the short of long–term memory—a molecular framework. *Nature* 322, 419.

JOSSELYN S A, KÖHLER S, FRANKLAND P W, 2017. Heroes of the Engram. *The Journal of Neuroscience* 37, 4647-4657.

KANDEL E R, PITTENGER C, 1999. The past, the future and the biology of memory storage. Philosophical Transactions of the Royal Society B: Biological Sciences 354, 2027-2052.

KIRSCH I, LYNN S J, VIGORITO M, et al., 2004. The role of cognition in classical and operant conditioning. *Journal of Clinical Psychology* 60, 369-392.

LEUTWYLER K, 1999. Making smart mice. *Scientific American.*

LIU X, RAMIREZ S, TONEGAWA S, 2014. Inception of a false memory by optogenetic manipulation of a hippocampal memory engram. Philosophical Transactions of the Royal Society B: Biological Sciences 369, 20130142.

MARKRAM H, GERSTNER W, SJÖSTRÖM P J, 2011. A History of Spike-Timing-Dependent Plasticity. *Frontiers in Synaptic Neuroscience* 3, 4.

POO M-M, PIGNATELLI M, RYAN T J, et al., 2016. What is memory? The present state of the engram. *BMC Biology* 14, 40.

SWEATT J D, 2016. Neural plasticity and behavior – sixty years of conceptual advances. *Journal of Neurochemistry* 139, 179-199.

TANG Y P, SHIMIZU E, DUBE G R, et al., 1999. Genetic enhancement of learning and memory in mice. *Nature* 401, 63.

TSIEN J Z, 2000. Linking Hebb's coincidence-detection to memory formation. Current Opinion in Neurobiology 10, 266-273.

第 8 章

BIRDSELL J A, WILLS C, 2003. The Evolutionary Origin and Maintenance of Sexual Recombination: A Review of Contemporary Models. In *Evolutionary Biology*, Macintyre R J , Clegg M T, eds. Boston, MA: Springer US. 27-138.

CANTALUPO C, HOPKINS W D, 2001. Asymmetric Broca's area in great apes: A region of the ape brain is uncannily similar to one linked with speech in humans. *Nature* 414, 505-505.

FISHER S E, SCHARFF C, 2009. FOXP2 as a molecular window into speech and language. *Trends in Genetics* 25, 166-177.

HAUSER M D, CHOMSKY N, FITCH W T, 2002. The Faculty of Language: What Is It, Who Has It, and How Did It Evolve? *Science* 298, 1569-1579.

MESULAM M M, ROGALSKI E J, WIENEKE C, et al., 2014. Primary progressive aphasia and the evolving neurology of the language network. *Nature Reviews Neurology* 10, 554-569.

MICHENER C D, 1969. Comparative social behavior of bees. *Annual Review of Entomology* 14, 299-342.

MUNZ T, 2016. The Dancing Bees: Karl von Frisch and the Discovery of the Honeybee Language. *German History* 35, 136-137.

PAPENFORT K, BASSLER B, 2016. Quorum-Sensing Signal-Response Systems in Gram-Negative Bacteria. *Nature Reviews Microbiology* 14, 576-588.

RADER B A, NYHOLM S V, 2012. Host/Microbe Interactions Revealed Through "Omics" in the Symbiosis Between the Hawaiian Bobtail Squid Euprymna scolopes and the Bioluminescent Bacterium Vibrio fischeri. *The Biological Bulletin* 223, 103-111.

WILSON E O, 1971. *The Insect Societies*. Belknap Press of Harvard University Press.

ZAYED A, ROBINSON G E, 2012. Understanding the relationship between brain gene expression and social behavior: lessons from the honey bee. *Annual Review of Genetics* 46, 591-615.

第 9 章

DERR M, 2001. Brainy Dolphins Pass the Human 'Mirror' Test. *The New York Times*.

GALLUP G G, 1970. Chimpanzees: Self-Recognition. *Science* 167, 86-87.

HUANG A X, HUGHES T L, SUTTON L R, et al., 2017. Understanding the Self in Individuals with Autism Spectrum Disorders (ASD): A Review of Literature. *Frontiers in Psychology* 8, 1422.

JABR F, 2012. Does Self-Awareness Require a Complex Brain? *Scientific American*.

KEYES D, 1981. *The Minds of Billy Milligan*. Random House.

KEYSERS C, 2009. Mirror neurons. *Current Biology* 19, R971-R973.

KOERTH-BAKER M, 2010. Kids (and Animals) Who Fail Classic Mirror Tests May Still Have Sense of Self. *Scientific American*.

MOORE C, MEALIEA J, GARON N, et al., 2007. The Development of Body Self-Awareness. *Infancy* 11, 157-174.

SUAREZ S D, GALLUP G G, 1981. Self-recognition in chimpanzees and orangutans, but not gorillas. *Journal of Human Evolution* 10, 175-188.

VINOGRADOV S, LUKS T L, SIMPSON G V, et al., 2006. Brain activation patterns during memory of cognitive agency. *NeuroImage* 31, 896-905.

第 10 章

BOUCHARD T, LYKKEN D, MCGUE M, et al., 1990. Sources of human psychological differences: the Minnesota Study of Twins Reared Apart. *Science* 250, 223-228.

CAVE S, 2016. There's No Such Thing as Free Will. *The Atlantic.*

DELZO J, 2017. NASA twin study: year in space changed Scott Kelly all the way to his DNA. *Newsweek.*

FINE C, DUPRÉ J, JOEL D, 2017. Sex-Linked Behavior: Evolution, Stability, and Variability. *Trends in Cognitive Sciences* 21, 666-673.

HULL C L, 1935. The conflicting psychologies of learning: a way out. *Psychological Review* 42, 491-516.

KIM K S, SEELEY R J, SANDOVAL D A, 2018. Signalling from the periphery to the brain that regulates energy homeostasis. *Nature Reviews Neuroscience.*

LIBET B, 1985. Unconscious cerebral initiative and the role of conscious will in voluntary action. *Behavioral and Brain Sciences* 8, 529-539.

Nichols S, 2011. Is free will an illusion? *Scientific American.*

PALMITER R D, 2008. Dopamine Signaling in the Dorsal Striatum Is Essential for Motivated Behaviors: Lessons from Dopamine-deficient Mice. *Annals of the New York Academy of Sciences* 1129, 35-46.

SMITH K, 2011. Neuroscience vs philosophy: Taking aim at free will. *Nature* 477, 23-25.

SOON C S, BRASS M, HEINZE H J, et al., 2008. Unconscious determinants of free decisions in the human brain. *Nature Neuroscience* 11, 543.

STERNSON S M, EISELT A K, 2017. Three Pillars for the Neural Control of Appetite. *Annual Review of Physiology* 79, 401-423.

VOHS K D, SCHOOLER J W, 2008. The value of believing in free will: encouraging a belief in determinism increases cheating. *Psychological Sciences* 19, 49-54.

圖片來源

序曲

圖 1 https://en.wikipedia.org/wiki/Earthrise
圖 2 https://en.wikipedia.org/wiki/Kepler_space_telescope
圖 3 https://en.wikipedia.org/wiki/Dyson_sphere
圖 4 https://en.wikipedia.org/wiki/Voyager_Golden_Record
圖 5 https://en.wikipedia.org/wiki/Arecibo_Observatory

第 1 章

圖 1-2 https://en.wikipedia.org/wiki/Digesting_Duck#/media/File:Digesting_Duck.jpg
圖 1-4 https://en.wikipedia.org/wiki/Chemistry:_A_Volatile_History#/media/File:Lavoisiers_elements.gif
圖 1-5 https://en.wikipedia.org/wiki/Louis_Pasteur
圖 1-6 https://en.wikipedia.org/wiki/Miller-Urey_experiment
圖 1-7 https://en.wikipedia.org/wiki/What_Is_Life%3F

第 2 章

圖 2-1 Service R F, *Science*. 2016.
圖 2-6 https://en.wikipedia.org/wiki/Peter_D._Mitchell
圖 2-9 https://en.wikipedia.org/wiki/Hydrothermal_vent#Black_smokers_and_white_mokers

第 3 章

圖 3-3 https://en.wikipedia.org/wiki/DNA_replication
圖 3-6 https://en.wikipedia.org/wiki/Eukaryotic_ribosome_(80S)#/media/File:80S_2XZM_4A17_4A19.png

第 4 章

圖 4-1 https://en.wikipedia.org/wiki/Cell_(biology)
圖 4-3 https://en.wikipedia.org/wiki/Murchison_meteorite

第 5 章

圖 5-1 Pentz J T, et al. *J. R. Soc. Interface* 13: 20160121. 2016.
圖 5-2 Boraas, et al. *Evol Ecol.* 1998.
圖 5-3 Alegado, et al. *eLife.* 2012.
圖 5-4 https://en.wikipedia.org/wiki/Volvox#/media/File:Mikrofoto. de-volvox-4.jpg
圖 5-5 https://commons.wikimedia.org/wiki/File:Weismann%27s_Germ_Plasm.svg
圖 5-6 https://en.wikipedia.org/wiki/Colorectal_cancer#/media/File:Image_of_resected_colon_segment_with_cancer_&_4_nearby_polyps_plus_schematic_of_field_defects_with_sub-clones.jpg
圖 5-8 https://en.wikipedia.org/wiki/Purkinje_cell
圖 5-9 Levit J, et al. *Nature*. 2007.

第 6 章

圖 6-1 https://en.wikipedia.org/wiki/Brain_in_a_vat
圖 6-2 https://commons.wikimedia.org/wiki/File:Descartes_diagram.png
圖 6-3 https://en.wikipedia.org/wiki/Rhodopsin
圖 6-5 https://en.wikipedia.org/wiki/David_H._Hubel
圖 6-6 Kandel E R, et al. *Principles of Neural Science*. 2012.

第 7 章

圖 7-2 https://en.wikipedia.org/wiki/California_sea_hare
圖 7-3 https://commons.wikimedia.org/wiki/File:Pavlov%27s_dog_conditioning.svg
圖 7-4 https://en.wikipedia.org/wiki/Neuron_doctrine
圖 7-6 https://en.wikipedia.org/wiki/Synapse#/media/File:Neuron_synapse.png

圖 7-8 https://en.wikipedia.org/wiki/File:Gray739-emphasizing-hippocampus.png

第 8 章

圖 8-1 https://microbewiki.kenyon.edu/index.php/File:Figure_2._Aliivibriofischeri.jpeg

圖 8-3 https://en.wikipedia.org/wiki/Aposymbiosis#/media/File:Hawaiian_Bobtail_Squid.jpg

圖 8-4 https://en.wikipedia.org/wiki/Worker_bee#/media/File:Todd_Huffman_-_Lattice_(by).jpg

圖 8-5 https://en.wikipedia.org/wiki/Western_honey_bee#/media/File:Apis_mellifera_(queen_and_workers).jpg

圖 8-8 https://en.wikipedia.org/wiki/Satin_bowerbird

圖 8-10 https://en.wikipedia.org/wiki/Wernicke%27s_area

第 9 章

圖 9-1 Moore C, et al.“The Development of Body Self-Awareness”, 2010.

圖 9-2 Gallup G, *Scientific American*. 1998.

圖 9-3 https://en.wikipedia.org/wiki/Mirror_test#/media/File:Mirror_baby.jpg

圖 9-4 Hyman J M, et al. Front. *Neurosci*. 2011.

圖 9-5 https://en.wikipedia.org/wiki/Dissociative_identity_disorder#/media/File:Dissociative_identity_disorder.jpg

第 10 章

圖 10-3 Atasoy D. et al. *Nature*. 2012.

圖 10-5 https://www.nasa.gov/sites/default/files/thumbnails/image/jsc2015e004202.jpg